ERP與商用APP整合導論

商用雲端APP基礎檢定考試指定教材

商用雲端 APP 認證

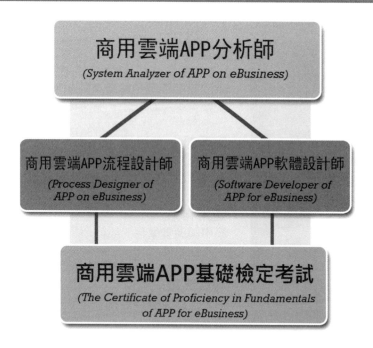

商用雲端 APP 基礎檢定考試發照單位
中華企業資源規劃學會/國立中央大學 ERP 中心

由國立中央大學所推動成立的「中華企業資源規劃學會」於 2002 年 1 月 26 日舉辦成立大會，其宗旨為促進以企業資源規劃（Enterprise Resource Planning, ERP）為基礎的企業化電子化（Electronic Business, EB）與電子商務（Electronic Commerce, EC）之學術研究並推廣相關領域的實務應用藉以提升專業的人才水準。

證照設立緣由

資訊科技占現代人極大部分的日常生活，也是目前台灣重要發展產業之一。科技時代的日新月異，平板電腦、3C 產品在一眨眼的時間便湧入我們的日常生活當中，稍一失神便被龐大的資訊淹沒。

為加強整合資訊系統的使用，中華企業資源規劃學會與國立中央大學 ERP 中心將企業資源規劃理論與產業實務結合，經由學習專業理論與程式撰寫的過程中，不僅讓講求快速的學習力使用於生活當中，也可刺激出更有競爭力與整合力的系統，讓學習基礎技能的學生們有創意發展的空間。

設立此證照的目的即在於培育相關的服務與管理人才，將企業資源規劃與日前當紅 App 技術相互結合，促使企業內部集思廣益，囊括各方意見，企業運作更加快速，使用上更加便利，透過設計程式應用以降低成本並有效率的運用所有資源。

商用雲端 APP 基礎檢定考試
認證簡介

商用雲端 APP 基礎檢定考試(學科)認證簡介
The Certificate of Proficiency for Academic Subjects in Fundamentals of Apps for eBusiness

認證簡介
「商用雲端 APP 基礎檢定考試」為使國內各高中職、技專院校教師接觸企業資源規劃理論與產業實務結合，推動企業資源規劃人才，加速資訊科技的使用與活化。

證照設立之目標
一、迅速且大量的培育商用雲端 APP 入門人員。
二、經由考試設計教學內容，提供學員進修管道。

適用科系
高中職商管學群、設計學群
大專院校商管學院、設計學院

考試大綱
一、行動運算與商務
二、商用系統
三、雲端運算
四、行動雲端商務的管理應用

考試方式
50 題單選題，每題 2 分，70 分及格，答錯不倒扣

考試時間
60 分鐘

考試平台
紙筆考試或電腦線上考試

考試費用
新台幣壹仟元整

發證單位
中華企業資源規劃學會

經銷商
碁峰資訊股份有限公司

商用雲端APP基礎檢定認證　團體優惠認證申請方案

團體認證特色
1. 申請單位可視需求，決定認證時間日期。
2. 申請單位可視情況，提出認證考試地點。
3. 團體認證報名費較個人報名費優惠。

優惠條件
1. 團體認證報名人數，單一場次需達 20 人以上。
2. 考試場地可容納應考人數，得每梯次均辦理。
3. 由申請人向碁峰資訊或中華企業資源規劃學會申請團體認證，協議認證鑑定日期。

報名作業
1. 報名網址：進入中華企業資源規劃學會認證 e 網 (http://register.cerps.org.tw/member/member_login.aspx)申請一般會員
2. 凡須辦理團體認證單位者，考試日期前一個月需完成網路報名作業。
3. 報名作業完成後，承辦專員依據申請團體認證報名資料，進行認證繳費作業。

考試費用
考試人數達 20 人以上，可團體八折優惠，考試費用為新臺幣捌佰元整。

註：凡領有身心障礙手冊或低收入戶免收認證考試費用，須提供正本證件至承辦單位。

認證成績公告
於認證考試後七個工作天以電子郵件方式提供給申請單位，考生也可登入報名網站查詢。

證書、發證與管理
於認證考試結束後二十個工作天以快捷方式郵寄或是負責專員親送至申請單位。

方案內容與相關網站
http://link.cerps.org.tw/PFAPPA

服務團隊
經銷商：碁峰資訊股份有限公司
台北：02-2788-2408　　台南：06-270-8568
台中：04-2425-7051　　高雄：07-384-7699

發證單位
中華企業資源規劃學會 03-4264248

推薦序

在全球企業都朝向為電子商務與產業升級電子 E 化而努力的同時，國內在 1998 年由國立中央大學前校長劉兆漢帶領一群熱忱的教授成立 ERP 中心。為了培養國內 ERP 專業人才，並進一步將台灣多年產業經驗以及 E 化的軟體與顧問兩大領域優勢推廣到華人市場，因此整合產、官、學以及中央大學 ERP 中心師資群的力量，在 2002 年推動成立中華企業資源規劃學會，將電子 E 化知識深根並傳承到全國各大專院校；每年透過各單位相關的訓練課程，提昇專業人才水準，目前每年參加學會認證的大專以上學生將近 1 萬 8 千人次。

至今，學會與中心在推動 ERP 相關企業 E 化知識已過了十六年，但這股推動產業升級的力道開創不曾停止過；在 2012 年學會為了更有效率向更多領域的師生推廣 ERP 知識，規劃出版一本只需要高中職二年級程度就能學習的 ERP 教材，以生活化的方式與說故事的方式傳達 ERP 理論中難懂的學術用語，兩年來，廣受全國高中職師生的喜愛，並被學校納入相關課程與證照考試規劃項目；ERP 學會為了啟動 E 化知識與國際接軌，嘗試將三個重要的時代潮流元素加入教材--行動(Mobile)、雲端(Cloud)、APP，然而在初期規劃教材時並不順利，因為市場上大部分皆以個人工具或遊戲導向為訴求來倡導這三個重要潮流元素的發展走向，對於整合企業組織 ERP 知識與商用 APP 的教材並不多見，因此需要有實務經驗與教學背景的作者協助；很慶幸地，學會邀請到實務經驗十足的中央大學國際長許秉瑜教授來進行規劃，以及另一位有 ERP 與電子商務工作背景的鍾震耀博士協助撰寫；這兩位作者多年前已於商業智慧一書中搭配合作且成績優異，這一回再次合作撰寫 ERP 與商用 APP 整合導論一書，其內容令人期待；兩

位作者過去工作經驗豐富，分享很多產業精彩故事與案例，也很會說故事，深入淺出地將其經驗與知識傳達給讀者，讓讀者回味無盡。

本書從規劃到完成歷經兩年，作者在文字內容取材與案例說明上不斷討論與更新，然沒有其他書籍的長篇大論，但是內容字字皆用心反映實務工作狀況，希望能讓廣大讀者能夠容易閱讀與縮短學習時間，並快速了解雲端時代以行動裝置與 APP 來隨時(Anytime)隨地(Anywhere)掌握企業重要的設計與應用，因此期盼此書能嘉惠莘莘學子，同時強化其 ERP 與商用 APP 整合學習能力，且有效提升國內專業人才培育，進而在全世界 E 化服務業的道路上看見台灣的厚實能量。

沈國基

國立中央大學管理學院院長
中華企業資源規劃學會理事長

推薦序

　　當我看完此書大綱與內容之後，我馬上答應作者的邀請撰寫此書的推薦序，因為看到一股想為台灣產業競爭力提升而努力的正面思考力量，而且這一道力量持續不退已經超過十年不曾退縮，多年來中華 ERP 學會透過開課、證照方式培育大專院校 E 化師資，此舉不僅快速向下紮根傳承 E 化知識，也同時將這樣的專業氛圍擴散到業界進而提升各產業的國際競爭力，其重要性不可言喻，這也是當年設立中華 ERP 學會的精神。

　　當各國 FTA 以及互惠合作快速推動時，爭論不已的經濟議題又再度浮出檯面，細細思維國內是否還存在轉型優勢呢？答案是正面肯定的，當年台灣企業優質經營能力的可取之處就是累積許久的專業管理知識與 Know-how，尤其是製造產業管理更是獨步全球相當可貴，每當企業建構 E 化基礎時所欠缺最重要的臨門一腳就是這些專業的管理顧問知識，我們還擁有這些競爭的優勢是目前以及未來 E 化服務產業所需要的能量。

　　回顧過去台灣有 PC 製造王國的美譽，但是很可惜 PC 應用的強度卻沒來的及跟上，目前國內 Wi-Fi 與行動數據環境成熟，人手一機的盛況又再一次讓我們有機會以 ERP 與商用 APP 的創新發展，讓台灣有機會在全球化的行動商務與雲端時代中佔有一席之地，而 ERP 與商用 APP 整合導論一書的出現更讓我感到開心，因為兩位作者以過去擔任客戶端(User Site)與軟體廠商(Vendor Site)的實務工作經驗與理論基礎寫出，更讓此教材不失偏頗而具有可讀性，更值得一提的是書中以數量不少的案例導向解析與細膩的圖片說明難懂的觀

念，讓讀者能在最短時間進入 ERP、行動環境、雲端服務以及 APP 四個領域的整合時代。

此書在中華 ERP 學會十二年的 E 化深耕為基礎而產出，其觀念與學理理論皆具備較為完整的考量，讀者可在內容中學習到不少知識傳承與經驗，相信也可以為將來工作上增添不少的助益，入寶山豈可空手而回？讀者可以仔細閱讀每一個 ERP 與商用 APP 整合案例並思維作者提醒讀者實作之處，以此為基礎可做為未來發展商用 APP 專案時的聯想。

方文昌

國立台北大學教授

作者序

　　這是一本書是結合商用 ERP、雲端(Cloud)、行動(Mobility)以及 APP 四個重要議題的基礎教材，但為何許秉瑜教授與我要催生出這一本書呢？無他，只為一個理由，就是想為這片土地盡一份心力、做點正面的事情，因此針對過去的工作經驗與目前手邊進行的專案研究撰寫一本對雲端世代學生對於 ERP 與商用 APP 整合學習上有幫助的教材。

　　回顧過去曾在工業技術研究院(ITRI)工作時得到一個不變的道理，不管是多麼新的 IT 技術其實都不會太難懂，因為提供技術的廠商一定會支援您，也會不斷透過開課、上課讓您熟悉，反而是要如何運用技術解決公司治理與管理上的問題才是困難的地方，也因此信念在撰寫此書內容時盡可能將技術部分採用說故事的方式來描述，提供將近十四個大小案例說明與較細膩的圖表來解說，甚至在第四章以國內外案例為讀者解析實務上規劃設計商用 APP 時必須考慮的方法，方可放心後續開發時有所依據，唯有如此才能夠讓讀者明白面對整合 ERP、雲端、行動、APP 時，該如何以清楚明朗的心來看待，無須因為技術不懂而心慌，如果是商管背景人士可以從本書中獲取技術人員經常在表達那些難懂的技術？而技術背景人士也可以透過此書的內容試著理解商管人員或老闆腦中想要的又是什麼？唯有將難懂的術語用故事案例方式呈現給大眾讀者，大家就會比較容易溝通彼此在想些什麼，也比較不會誤會，第五章更進一步將困擾全球企業主的巨量資料(Big Data)現象以及缺乏資料科學家(Data Scientists)的嚴重問題指引出未來商用雲端 APP 發展趨勢。

　　中華 ERP 學會設立商用雲端 APP 基礎檢定考試的目的，為協助國內各高中職、技專院校教師能夠及早接觸商用 ERP、雲端(Cloud)、行動(Mobility)以及 APP 實作的整合觀念相關知識，快速大量培育高中職學生以及準備規劃與設計商用雲端 APP 的入門人士，以此為基礎來推動國內 E 化人才養成，本書也是目前市場上唯一商用雲端 APP

基礎檢定專書，全書不僅以案例導向撰寫，而且完全與證照結合可以讓讀者輕鬆掌握商用雲端 APP 基礎檢定考試的秘訣。

　　此書能完成首先要感謝中華 ERP 學會劉建毓經理在建構 APP 商務案例時給予的靈感啟發，以及同仁提供市場的反應，也要感謝另一位作者中央大學許秉瑜教授於精心規劃與試講後所提供的建議，讓此書的修正更到位，還有要感謝阿恭老師的撰書經驗分享，黃世翔老師資訊支援，也要感謝碁峰資訊圖書編輯團隊全力支援與產品經理細心幫忙美編事宜，此外，還要感謝憂心 E 化應用後繼無人的業界朋友之鼓勵，以及內人不斷以產業觀點針對此書內容隨時鞭策與提醒，最後也要感謝家人與長輩們給予很多生活上關心與肯定。

　　過去曾經使用過許多前輩們不吝分享所撰寫的書籍而學到謀生能力，而今中華 ERP 學會與中央大學 ERP 中心有此因緣安排許教授與我規劃出版一本對大眾讀者在工作職場上有助益的書，內心十分激動而升起對讀者求知的恭敬心，唯有一字、一句、一例不斷再三考慮、多方訪查確認後，方可放心筆諸於書分享給讀者，然而能夠有機會在此無後顧之憂安心撰寫序文，以及能夠時時警惕自己要以謹慎的恭敬態度面對生活上的任何人、事、物，這都要完全感謝我的學佛皈依上師不辭辛勞的教導，感恩尊貴的上師　仁欽多吉仁波切給予弟子殊勝佛法上的諄諄教誨與生命救度，也期盼此書內容的任何角落都能夠幫助到閱讀者，最後感謝人生中曾經幫助過我的人，或無緣見面但也間接幫助過我的人。

鍾震耀 敬上

作者簡介

許秉瑜 博士

目前任教於國立中央大學企業管理管系，現任中央大學國際事務長，並兼任中華企業資源規劃學會秘書長，與經濟部工局及商業司多項計畫評審。過去曾擔任中央大學 ERP 中心主任與借調到聯合通商電子商務有限公司擔任技術長。許博士畢業於美國加州大學洛杉磯分校(University of California, Los Angeles)，主修資料庫管理。許博士目前有兩張 SAP 顧問師證照，分別在 BASIS 與 BPERP 領域。許博士目前主要教授與研究科目為商業智慧、資料挖礦、ERP 系統管理與企業 e 化績效評估，共計發表國內外相關論文超過一百篇。

鍾震耀 博士

目前任職於中華企業資源規劃學會(CERPS)，現任資深專案經理，鍾博士畢業於國立中央大學企管系，積極參與 ERP 學會與 ERP 中心認證授課活動，過去曾擔任聯合通商電子商務有限公司(eBizprise)技術發展處經理、工業技術研究院(ITRI)資訊中心系統副工程師、中華 ERP 學會 ERP 規劃師、BI 規劃師種子師資班授課講師、修平科大資管系專任講師以及擔任軟體公司資料庫與 BI 課程顧問。鍾博士曾通過資策會資訊人員鑑定考試程式設計師，以及取得六張中華 ERP 學會證照。此外，鍾博士曾協同編寫「商業智慧」乙書，譯著「SAP TERP10_1 企業資源規劃〈商業智慧〉」單元，另編著「ERP 規劃師指定考照教材〈資料庫管理與 ERP 系統〉」單元。鍾博士目前已經發表兩篇優秀 SCI 期刊論文，其一刊登在資訊管理領域 Top 5 的期刊 Decision Support Systems，主要研究領域為電子商務與推薦系統、資料挖礦、商用雲端 APP 技術應用、ERP 系統導入與流程規劃、偽評價資料偵測。

目錄

CHAPTER 1　行動運算與商務

CHAPTER 2　商用系統介紹

CHAPTER 3　雲端運算架構

CHAPTER 4　商用雲端 APP 個案介紹

CHAPTER 5　行動雲端商務的未來議題

參考文獻

行動運算與商務

1
CHAPTER

在早期電腦運算環境中，如果想要使用電腦工作就一定要坐在電腦前面，所有的電腦都用線路相互連結，連結到網路、主機等。此種情況之下電腦的使用受到限制，對移動中的人或者員工會造成相當不方便，例如銷售業務員、維修工程師、餐廳或飯店服務生、執勤中的檢察官、警察、調查局人員等必須經常到工作現場，或工作任務是屬於必須在移動中進行，如果此時可以使用資訊系統與資訊科技(Information Systems and Information Technology, IS/IT)設備，工作將會更有效率，甚至在休假中的員工仍然希望可以隨時(Anytime)、隨地(Anywhere)都可以連接到網路上工作，例如遠在印度洋上馬爾地夫渡假勝地 Villa 飯店中，業務人員仍然可用無線上網方式與總公司聯絡追蹤客戶訂單處理狀況。

另外，如果大家有在大型量販店(Hypermarket)或購物中心(Shopping Mall)購物的經驗，就會發現經常有許多工作人員拿著無線盤點機設備穿梭在賣場中忙著記錄與盤點工作，如果是在戶外，偶而也會遇見中油、台電等工程人員在巡檢線路時手持可以記錄檢修狀況的設備，甚至在連鎖便利商店(Convenience Store)也可以見到員工手持這些無線設備記錄盤點後下單採購，這些都算是早期的無線設備應用先驅，可以在產品或物料數量不足夠前提早發現下單，或者可以提早發現管線設備異常前兆，以便進行檢修與維護，這些早期手持無線設備的特色是可以協助移動中員工執行工作，但是很可惜因為在智慧型方面的功能非常有限，都是以專屬功能居多。

近期如果仔細觀察周遭資訊科技的使用環境，已經改變了，人人幾乎是機不離身的情境，滿街的人都是人手一台智慧型行動設備，不是手持智慧型手機(Smart Phone)就是平板電腦(Pad)，但是究竟人們低著頭努力在滑動這些先進的手持設備都在做哪些事情呢？大部分是看電影或有趣的短片、玩遊戲、進行網路社交活動(例如「按讚」、「留言」、「分享」以及「打卡」等活動)，甚至透過時下最火紅熱門的即時通訊 APP 軟體可以跟朋友離線留言、線上對話、傳輸檔案以及可以打免

費通話與視訊通話等(例如 LINE 軟體)，運用這類手持式無線設備(智慧型手機或平板電腦)除了可以協助個人化生活以及娛樂活動的進行，而且具有相當程度的智慧型功能，對於個人化應用的廣度非常靈活與彈性。

目前在國內這些智慧型無線設備在企業商務上的運用也正在萌芽起步當中，但是在國外屢有不錯的成功案例，這些智慧型行動設備在無線網路，例如 Wi-Fi、3G 或接下來的 4G 環境中，透過 APP 程式進出雲端(Cloud)環境與企業的商用系統(Business Systems)溝通或分享資訊，而這些應用可以用在工作效率改善的地方，譬如在製造工廠的採購進料驗收作業中，智慧型行動設備上的 APP 程式協助驗收等工作，讓這些工作更有效率，其他可改善的地方還有倉庫盤點作業、產品出貨確認作業等搭配智慧型行動設備的 APP 程式也可以讓這些工作更有效率；除此之外，經常需要外出拜訪顧客獲取訂單的業務人員也可以透過智慧型行動設備與 APP 程式的組合方式，尤其在業務人員訪客行程上加入這樣的組合方式輕鬆地維繫良好的顧客關係，甚至可以引進全球定位系統(GPS)與 Google Map 的功能讓顧客關係管理(Customer Relationship Management, CRM)執行起來更方便使用，進而讓企業主的鋪貨政策運轉得更有效率。

上述的 GPS 本身是一個以軍事導航衛星為基礎的系統，這套系統是由美國國防部所發展及控制，提供給美軍作戰使用，目前免費提供給民間使用其定位訊號(1983 年底美國雷根總統簽署一項法案，正式開放 GPS 技術給一般民生用途使用)，如圖 1-1 所示，在概念上，GPS 一詞代表著整個全球定位系統，內容包括天空軌道中的 GPS 定位衛星(Satellite)、地面控制站(Control Station)(主監測站位在美國科羅拉多州的空軍基地)及 GPS 接收機(Receiver)。不過對一般大眾而言，GPS 印象意指一台 GPS 接收機，這是因為我們在使用上多半只會接觸 GPS 接收機的緣故，目前實務上常見的 GPS 接收機有測量型、導航型、軌跡記錄型、整合型四種，如圖 1-2 所示。測量型接收機是大地測量專用，導航型接收機是運輸工具上所使用，軌跡記錄型接收機是做為防止老

人、小孩走失協尋常用的工具，近來也用在寵物身上，整合型接收機是目前大眾最普遍常見使用，例如智慧型手機以及數位相機上都已經有 GPS 功能，使用者手持數位相機原本只做拍照，現在山區巡檢人員或災難救援人員可以利用數位相機拍到的景象結合 GPS 定位的經緯度資料，讓相關研究人員即時知道拍攝現場狀況與判讀，可供後續快速擬定決策。

圖 1-1：GPS 系統應用-導航、定位、計時

圖 1-2：GPS 系統接收機種類

　　GPS 系統基本上須要 4 顆定位衛星才能夠精確算出某一 GPS 接收機目前所在的位置，通常地表上的任一位置都可以 x、y、z 三個座標值表示，基本上三顆定位衛星就足夠找到任意 GPS 接收機位置，但是因為隨著時間改變，GPS 衛星會繞行地球移動，另外手持接收機的使用者也可能會移動，會有位移動作而不在停留在原地，所以需要加入第四顆定位衛星考慮時間變動因素所造成的誤差，才能夠更精確算出真正的位置，也因為如此，為了讓地表上每一的地點都能接受到 GPS 定位衛星的訊息，將 24 顆定位衛星平均佈設於地球上空 22000 公里處，而衛星分布位置是經過精密計算，在地球任何一個地點，排除地面障礙物不算，任何時間都會有 4 顆衛星在 60 度夾角的天空上，如此便可以在任何地點都可以接收到 4 顆定位衛星訊息，這些衛星就像是月球一樣不停地繞著地球旋轉，大約每 12 小時繞行地球一圈，觀念上類似一天繞過我們的頭頂大約 2 次，其應用與運作方式如圖 1-1 所示。在圖 1-1 中 GPS 的基本觀念就是測量出已知位置的衛星到用戶接收機之間的距離，然而由於 GPS 衛星所發射的電磁波會受建築物或水的遮

蔽，因此在室內或水下並無法使用這項技術，除了陸地上的汽車之外，空中的飛機、海上的船艦更需要 GPS 定位功能輔助，因為在空中或大海上不像在陸地上可以循著道路行進，並且隨處有顯著的路標或地標可以辨識身在何處。

GPS 定位功能的用途十分廣泛，例如車輛、航空、航海導航定位，而汽車上裝設的衛星導航系統應用於美國、日本已相當風行，國內也正在發展成熟中，尤其是物流業者已經將 GPS 功能應用在運輸車隊管理上有多年經驗，甚至可進一步讓業務人員查詢貨車目前所在的運輸位置，提供更完善且即時的貨況管理資訊給顧客應用，藉以提升服務客戶的價值。另外，GPS 在登山定位與山難協尋中也非常有用，例如：2009 年 88 風災中為了快速在黃金搜救時間內協尋救難，GPS系統追蹤器發揮很大功用。除此之外，GPS 系統也可以協助精準計算出公車到站時間，例如台北市政府近幾年推出的公車動態資訊系統，可以發現在台北市公車上已經裝設 GPS 系統，因此也讓等車民眾可以更精確掌握搭公車的效率。新北市政府更響應 GPS 的應用推出「新北樂坆車-垃圾清運資訊查詢網」系統，將新北市內 29 區 383條清運路線垃圾車全面裝設 GPS，102 年元旦起正式上線，民眾不用再提著垃圾在下雨的街頭苦等垃圾車或追著垃圾車跑，可上網瀏覽查詢或用手機 GPS 定位得知目前所在位置以及垃圾車多久會到使用者位置，如圖 1-3 所示，輕鬆在家等垃圾車來，除可掌握垃圾車行蹤，還可查詢當日最近時間的垃圾車清運點位置，這個 GPS 系統提供精確的資訊解決市民之苦，讓民眾生活品質提升，是一個很成功的 GPS便民應用。

圖 1-3：GPS 便民應用--新北市樂圾車-垃圾清運資訊查詢網

　　使用 GPS 定位的創新應用仍然在持續中，尤其在商務上更是進一步發展出定位服務(Location-based Services, LBS)，LBS 可讓使用者透過手機、PDA 或車用電腦等行動裝置查詢自己的空間位置，並透過所在位置連結到附近環境的地理資訊，協助使用者進行即時的空間決策，其用途可從小到遊戲或交友，大到車隊管理或急難救援，這裡舉一個日常生活發生的例子，當您開車旅遊到宜蘭時(此時為 11:45AM 中午用餐時間)，正愁著等一會兒到哪裡用餐，您的手機此時自動傳來一封簡訊，告訴您目前所在位置附近有兩三家旅遊達人推薦好餐廳的資料和優惠折價券，當您選定餐廳後再以導航的方式指引您如何到餐廳以及附近的停車資訊，用餐後(此時為 1:30PM)手機又傳來一封簡訊，告訴您附近剛好是宜蘭童玩節活動檔期，2:00PM 有一場 30 分鐘的兒童劇場節目，3:00PM 有傳統手工藝與風箏製作體驗課程，用手機線上報名後，再依循手機上

導航地圖與定位功能就可以到達目的地，這就是目前流行且親和性高的行動化定位服務(LBS)。

1-1 行動環境的衝擊與改變

在進入行動運算與行動商務主題之前，我們先感受一些相關研究調查數據，深切體會身邊行動環境的衝擊以及重要改變，以下就先以智慧型手機行動裝置的使用 2013 年五月剛出爐的調查資料為例子來進行說明行動裝置對於現今每天生活層面的影響，資料來源為透過網路問卷方式，調查 47 個國家地區，針對全球消費者擁有智慧型手機的普及率以及使用手機情況進行完整的調查，而資料分三個時段收集，分別為 2011 年 3 月到 7 月，2012 年 1 月到 3 月，以及 2013 年 1 月到 2 月。

根據 Google 網站對於國內使用智慧型手機的一項調查報告中指出，國內智慧型手機的普及率佔總人口數的 51%，且相較於過去兩年同時間此比例一直在成長中(2011 年為 26%，2012 年為 32%)，且有智慧型手機的人 81% 的人出門一定會隨身攜帶手機，由此可知，智慧型手機已經成為我們日常生活中不可或缺的重要部分。

這些行動使用者有 86% 的主要目的是進行溝通、有 75%是在掌握新知、有 94% 是進行娛樂活動，溝通活動主要是連上社交網站或收發電子郵件；掌握新知方式主要是到網站、部落格以及留言板上撰寫評論或者到各大入口網站閱讀最新消息；至於娛樂活動主要是看網路上有興趣的內容、玩遊戲、聽音樂以及觀看電影，其中收看電影的比例相當高，這也顯示出智慧型手機的使用者通常都滿喜歡看電影。

智慧型手機可以讓使用者掌握來自世界各地的資訊。95% 的智慧型手機使用者曾經搜尋過當地資訊，且會有後續行動，例如 47% 會與當地的商家聯絡，46% 會實際親自到實體或線上商店購買，因

此如果可以善用發展手機的行動化定位服務(LBS)功能，就可以方便消費者直接與商家聯絡。

智慧型手機也是重要的購買工具，有 87% 的使用者會在自己手機裝置上研究網路上販售的產品或服務，有 37% 的智慧型手機使用者曾經有使用手機購物經驗，由此可知，智慧型手機正在改變消費者購買商品與服務的方式，是購物時的好幫手。

由上所述，我們可以瞭解到這幾年智慧型手機行動裝置對於行動上網的消費者的日常生活、消費行為、立即掌握即時資訊的需求、購買產品的方式改變很大，甚至對於倚賴行動手機上廣告的企業主的廣告投資方式與決策的影響更大，而這些改變所帶來的影響對於行動運算與行動商務的研究以及行動裝置的創新服務都是不可或缺的重要環節。

另外，我們再回顧一下過去幾年中，當體積小且重量輕的筆記型電腦(Notebooks，簡稱 NB)被大眾接受時，當時滿街 NB 的身影處處可見，其受歡迎程度猶如今日使用智慧型手機以及平板電腦的榮景，但是大部分使用者都還是在固定的環境中使用，即必須在某一固定位置上(桌子或椅子)使用，很少見到有人可以長時間手持 NB 邊走邊使用，也因此我們常看見業務人員在咖啡廳中與商務夥伴商談訂單與採購單狀況，或者在麥當勞速食店中跟一群朋友分享或觀看 YouTube 網站所提供的免費影片，甚至看見有人經常坐在可以無線上網的便利商店中使用 NB 觀看自己的社群網站進行簡短談話，好比說使用「OK」、「好的」、「讚」等簡短用語留言，或者使用「打卡」動作展示自己現在到某處一遊分享給親朋好友，雖然有無線網路環境提供，但是這些使用 NB 的行動特性仍然非常低(因為體積還是很大，行動中無法長時間手持)，無法擺脫定點使用的缺點，沒辦法在無任何拘束的無線網路環境中移動或手持等方式使用，一直到可以隨身攜帶且更輕薄的手持智慧型手機、平板電腦或其他行動裝置(例如 MP3 機)出現後，電腦與通訊科技的行動應用時代才確定已經來臨，手持或者移動中使用再也不

是問題，例如 iPhone、iPad 等智慧型設備以更精緻、輕薄且可隨身攜帶等之優勢讓大眾快速接受，因為這些設備可以方便讓使用者在任何場合移動中手持使用，例如乘坐高鐵或捷運、排隊買票或者步行時都可以做到「機不離手」，所以會經常看見與朋友在一起吃飯時，有人會低著頭用手滑動智慧型手機或平板電腦玩遊戲、透過社群網站與人交談與打卡、看電影以及有趣的短片、瀏覽網站看新聞或收電子郵件或進行購物等，而這些就是我們每天生活中身邊經常發生的場景，無論使用者在何時(Anytime)或者身在何處(Anywhere)，這些行動裝置都能夠滿足即時資訊與通訊的需求服務。

由於智慧型手機與平板電腦都是強調輕薄，因此無法載有大量儲存空間的記憶體、硬碟以及強大運算能力的 CPU，如果想透過智慧型手機看電影，則上述的天生限制條件就必須能夠經得起考驗，很可惜目前的智慧型行動裝置技術是無法克服，想透過手機看電影，則此電影目前只能儲存在網路上，透過無線網路傳輸到您的手機上才能觀賞，但是這樣的使用方式在網路速度與網路頻寬的要求是必須很優化的，至少要做到網路不斷訊、不停格，才能算是優化的行動運算服務品質，例如透過智慧型手機收看 YouTube 上的電影，首先該智慧型手機需要從網路上先行下載一個 YouTube 的 APP 程式到手機上，並進行 APP 程式安裝與設定，接著執行這一個已經安裝完成 YouTube 的 APP 程式就可以連到 YouTube 網站瀏覽並且點選您喜歡的電影觀賞，電影還是儲存在網路上 YouTube 網站伺服器中，而您手機上的電影是透過網路傳輸電影資料，以一部分接著一部分資料的傳輸到您手機上，在您智慧型手機的硬體配備上限條件內使用，讓您影片不斷訊、不停格為您服務，而這樣的服務概念就是雲端運算(Cloud Computing)服務，簡單說前面所描述的「網路上」一詞就是現在的雲端(Cloud)的意思。同理，如果智慧型手機或平板電腦的服務需求是一個很多運算的需求，這需求的完成也是只能在網路上進行，而這些為了滿足智慧型手機個人使用需求(食、衣、住、行、育、樂等)而產生出來的雲端概念即為個人雲(Personal Cloud)的雲端概念，而商務環境中亦有相對應的商務

雲端概念，稱為企業雲(Business Cloud)，其關注重點亦為這些智慧型行動裝置如何透過 APP 程式與商務上經常必須使用的企業資源規劃(Enterprise Resource Planning, ERP)系統即時整合應用，讓企業商務推動的每一個環節更有效率與策略創新，而這些商用 ERP 系統相關觀念會在第二章說明。

1-2 行動運算與行動商務的基本概念

1-2-1 行動運算的發展

在過去電腦運算剛開始的時代，如果要使用電腦進行每天的工作，就一定要坐在電腦前面，例如員工非得進公司坐在自己的辦公室中，使用那一部 PC 來工作，而且所有的電腦都還特別需要事先用線路相互連結設定後，才能順利連結到網路以及主機等設備中使用電腦或網路資源，因此在過去傳統環境下，用戶使用電腦方式常常受到時間、地點的限制，如圖 1-4 所示。

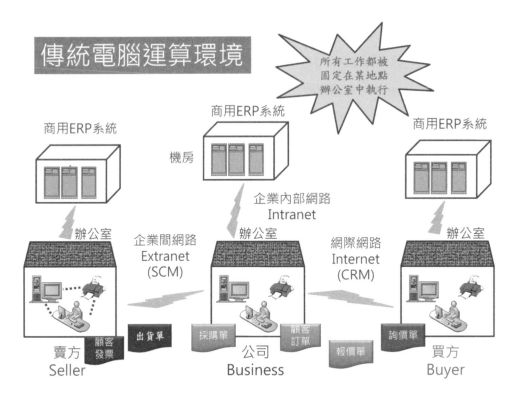

圖 1-4：傳統電腦運算環境

　　尤其是對於無法在固定的辦公室或某一固定地方工作的使用者真的非常不方便，工作效率也低迷，例如為業績四處跑單拜訪客戶的業務人員、設備故障必須盡快排解的維修人員、餐廳飯店或旅遊景點的服務人員、維護人民身家安全的警務人員等，這些人員在工作中或者前往某地方的路途中如果可以使用 IS/IT 等設備，工作效率會更提高，另外還有一類人員就是休假中但是還想上網收發電子郵件或者連回公司主機處理事情的使用者，他們都希望不在自己的辦公室中仍然能夠使用 IS/IT 等設備處理事務，滿足這樣一個全新的使用者在移動中的工作需求即稱為行動運算(Mobile Computing)環境，例如業務人員在方便的捷運車廂內、快速高鐵車廂內或者是在開往國外會議中的飛機上，都希望能透過行動裝置，在便捷的行動運算環境取得資源連上網路，處理顧客的訂單、顧客抱怨，甚至讓消費者可以輕易上網預約旅館、飯店、租車等服務。

　　為了能夠讓使用者在行動運算環境中順利運作，新的科技產品與服務不斷地被提出來改善行動運算環境，而這些改善方法大致上可區分為兩種發展趨勢，分述如下：

❖ **解決方式一：促使技術進步，讓電腦體積縮小，以便隨身攜帶。**

　　當筆記型電腦被發展出現在人類世界中時就是一個開端了，技術進步讓傳統個人電腦 PC 體積逐步縮小，且同時也讓儲存資料能力變大與處理資料速度更強，目的就是為了輕便攜帶使用，此外電腦設備裝置體積縮小的想法至今沒有停止過，今日的智慧型手機、平板電腦以及其他輕巧的攜帶的掌上型設備(例如在超商或者在賣場中盤點下單用的無線裝置)，這些設備易於移動中使用，因此統稱為行動裝置，如圖 1-5 與圖 1-6 所示。

智慧型手機

筆記型電腦

平板電腦

上型無線盤點機

圖 1-5：目前流行的各式行動裝置

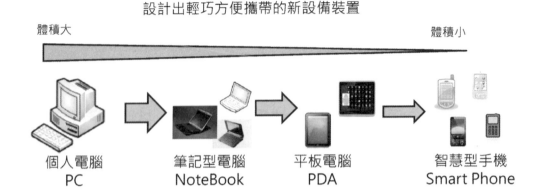

設計出輕巧方便攜帶的新設備裝置

體積大　　　　　　　　　　　　　　　　　　　　　　體積小

個人電腦　　　　筆記型電腦　　　平板電腦　　　　智慧型手機
PC　　　　　　　NoteBook　　　　PDA　　　　　　Smart Phone

圖 1-6：新設備裝置體積縮減易於攜帶或手持

❖ **解決方式二：利用無線通訊媒體取代有線網路，甚至改善並提昇提
其傳輸速率。**

無線通訊媒體是一個相當普遍且使用多年的無線電話網路系統，最
具代表性的就是全球行動通訊系統(GSM)，是一個廣受歡迎且技術
相當穩定的無線電話網路系統，由於 GSM 系統將用戶資料存放在
SIM 晶片上，用戶在手機中插入 SIM 卡後，便可以從美國一路講到
南非，讓手機暢行全世界使用，但是很可惜 GSM 有個致命的缺陷
數據傳輸速率只有 9.6Kbps，當使用者想用手機上網時會感到非常
不方便，因此如果可以透過改善並提升此類無線通訊系統環境，則
在架構行動運算環境上就可以多一種選擇方案。

全球行動通訊系統(Global Systems for Mobile Communications,
GSM)源於歐洲，1990 年被制定出，目前已全球化，是目前最普遍採用
的數位行動電話系統，是屬於第二代(Second Generation)行動通訊技術
(常稱為 2G)，而使用第一代(First Generation)行動通訊技術(常稱為 1G)
的手機，是使用類比訊號(Analog Signal)溝通，從 1980 年代開始使用，
直至由 2G 數位通訊出現後被取代，1G 與 2G 訊號傳送方式與傳統電話
的方式相同，採用電路交換(Circuit-Switch)技術，此技術的特性讓通話
的兩端獨佔一條線路，在未結束通話之前，此線路將一直被佔用著，

是屬於先連再傳方式，線路專用至通訊結束，即使雙方都不講話，其他人也別想使用這一條線路。

相對於 1G 直接以類比方式進行語音傳輸，2G 的手機是使用數位訊號(Digital Signals)溝通，除了具有通話功能外，某些系統並引進了簡訊(Short Message Service, SMS)功能。在某些 2G 系統中也支援資料傳輸與傳真，但因為速度緩慢，只適合傳輸量低的電子郵件、軟體等資訊，如圖 1-7 所示。

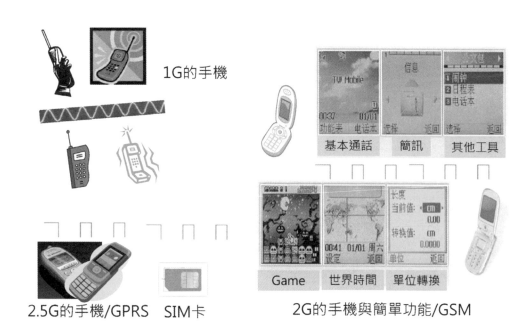

圖 1-7：1G、2G、2.5G 系統手機

另外，還有一種通訊技術被視為 2.5G，而 2.5G 是夾在 2G 與 3G 中間，是一種手機通訊技術規格的過渡期，用來形容比 2G 連線快速，但又慢於 3G 的一種通訊技術規格，最常見的 2.5G 系統就是整合封包無線服務(General Packet Radio Service, GPRS)，基本上 GPRS 是用來改善 GSM 的，被視為 GSM 的加強模組，傳輸速率比 GSM 快，通常在 64Kbps 到 115Kbps 之間，GPRS 採用封包交換(Packet-Switch)技術，將

傳送資料切割成許多小封包(Packet)，每一個封包都有目的地位址，看哪一個頻道有空就將封包送出去，如此一來每一個頻道都不會閒置，可以大幅提升傳輸效能，是屬於邊傳邊連方式，線路由各用戶封包共用，因此封包交換技術並不會獨佔頻道而是讓大家共用，如圖 1-8 所示。

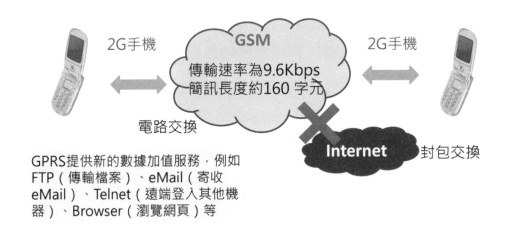

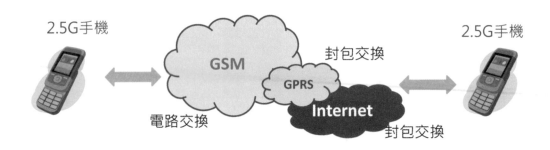

圖 1-8：GSM 與 GPRS 系統

　　而當時最流行的 GSM 無線通訊行動電話通訊系統與網際網路(Internet)系統幾乎都是獨立運作，並不互相連接，因為網際網路上的資料傳遞以封包交換的方式，不同的交換架構，並無法相連接，當 GPRS技術標準的制定與發展後，改變這兩種網路互相獨立的現況。GPRS 服務是在現有的 GSM 網路上，加上幾個數據交換節點，因為數據交換節點具有處理封包的功能，所以使得 GSM 網路能夠和網際網路互相連接，GSM 網路無線傳輸的便利與網際網路資訊的豐富都能彼此共享。

　　透過 GPRS 應用將 GSM 網路和電腦網際網路相互連接，電腦和手機彼此間能互相通訊後，在 GPRS 上的發展應用就會變成相當多樣化，可以想像現在網際網路上所有應用，都能透過 GPRS 無線傳輸的功能，傳送到可以隨身攜帶的手機上，朝這個方向思考，就有一個較為清楚的輪廓，例如可以在手機上獲得一些即時性的資訊，如新聞標題快報、股市金融行情、查詢氣象、訂購商品等，GPRS 可說是為 GSM 網路升級至未來的第三代(3G)行動通訊網路，提供了絕佳的發展平台。

　　目前最夯的行動通訊技術就是 3G，稱為第三代(Third Generation)行動通訊技術，3G 計畫構想早在 1992 年就被國際電信聯盟(ITU)提出，稱為 IMT-2000(International Mobile Telecommunications-2000)，是希望 2000 年時 3G 可供使用，目標為：

一隻手機就可以全球漫遊、傳輸速率可以達到 2Mbps、使用 2GHz 頻率、在 2000 年提供服務。

　　但是此目標失敗，經過討論後傳輸速度修正為靜止於室內時 2Mbps、室外低速移動時 384Kbps、高速移動的行車環境中 144Kbps。國內在 2005 年 7 月開始推出 3G 服務，剛開始有多家業者參與，例如中華電信、台灣大哥大、遠傳電信、威寶電信、亞太電信等，原本受限手機螢幕太小、按鈕操作不便等因素讓 3G 推廣不太順利，近年來因智慧型手機技術進步，也都為大螢幕且提供觸控操作功能，3G 服務能夠同時傳送聲音(通話)及資訊(電子郵件、即時通訊等)，其傳輸速率比過去 2G、2.5G 網路還快，由於 3G 結合無線通訊與網際網路等多媒體通訊，因此已經成為新一代行動通訊系統，對於處理影像、音樂、視訊形式的資料也都沒問題，也可以提供網頁瀏覽、電話會議、電子商務資訊服務，也因為採用了更高的頻帶和更先進的無線技術，3G 的行動通訊品質較 2G、2.5G 網路有了很大的提昇。

　　改善提昇後的行動通訊技術(例如 3G)，讓行動使用者能夠輕易使用行動裝置來進行企業商務工作，此種結合是目前一種很好的解決方法，即目前所謂的行動運算。國內 4G(第四代行動通訊技術)頻譜競標結果在 2013 年 11 月出爐，取得頻段的 6 家業者部分已經在 2014 年第三季開始營運商轉，但是從技術標準的角度看 4G 是 3G 之後的延伸，為何會有此需求呢？環顧目前國內無線上網主要技術有 3G 與 Wi-Fi(Wireless Fidelity)技術，主要原因為 3G 傳輸速率還不夠快，雖然 Wi-Fi 被廣泛採用來建構無線區域網路環境，不過 Wi-Fi 的可連結上網的距離必須是短距離範圍，且行動中無法使用，如圖 1-9 所示，以目前國內 Wi-Fi 訊號範圍是很有限的，例如國內 7-11、全家等統一超商業者提供的 Wi-Fi 無線上網，只要你離開超商的 Wi-Fi 連線範圍，你的智慧型手機或平板電腦就會失去無線網路的訊號，又或者您可以在家裡自己架一個無線接收器(Access Point, AP)，觀念上說的好像很專業，所謂的無線 AP，其實只是很單純地到電腦商行或 3C 賣場買了一台無線接收器，然後安裝到您的家中的 ADSL 機器上，讓這一台無線接收器設定成為一種可以發送無線 Wi-Fi 訊號這樣而已，如圖 1-10 所示，這個 Wi-Fi 無線訊號也是有範圍的哦，離開某一段距離後就無法上網。所以無線上網技術仍有相當大的改進空間，按照 ITU 的定義，4G 的要求目標是靜態傳輸速率要達到 1Gbps，用戶在高速移動狀態下可以達到 100Mbps，如果 4G 服務可以達成，這就是目前電信業者想提供使用者無線寬頻上網的環境。

　　在 3G 與 Wi-Fi 這兩大無線技術的推動發展下，讓行動運算的應用更加蓬勃發展，讓行動運算基本模式是往「無所不在(Ubiquity)」的方向前進，換言之，無論在任何時間(Anytime)、任何地點(Anywhere)，行動運算架構中的任何事物都能提供運算服務來滿足需求，這也正是雲端運算環境建構的利益與好處。

　　4G LTE 是什麼？許多人都以為 4G LTE 是一個名詞，其實應該要將 4G 與 LTE 分開看，所謂的 4G 就是如前所述，第四代行動通訊技術，而 LTE 則是指長期演進技術(Long Term Evolution)，4G 有很多種不同

的可用技術，例如我國在 2005 年曾經以 WiMAX 做為發展 4G 網路的技術，後來發現另一 4G 技術 LTE 較受國際各電信大廠歡迎，最後定調 4G LTE，LTE 不只是台灣採用的標準，世界上也有許多國家亦採用 LTE 做為 4G 的標準，換言之，LTE 只是 4G 的其中一種技術標準，相較於目前大家使用 3G，傳輸速度大約快 10 倍左右，究竟速度到底有多快呢？通常以下載所需時間作為衡量基準，以 1GB 影片所需要的下載時間來說，3G 的頻寬需要 10 分鐘左右就可以完成，而用 4G LTE 可以在不到 1 分鐘即可完成下載，同屬亞洲經濟體的日本與韓國分別在 2010、2011 年推出 4G 寬頻網路，甚至第三世界非洲國家安哥拉，也都在 2012 年開始第一項 4G 寬頻服務，我國 4G 業者在 2015 年會陸續推出 4G 網路服務，在 4G 應用上慢了一大步，除此之外，國內對於 4G 覆蓋率也逐漸在迅速成長中，這也是目前消費者有意願轉換 4G 的重大影響因素。

3G與Wi-Fi的差別

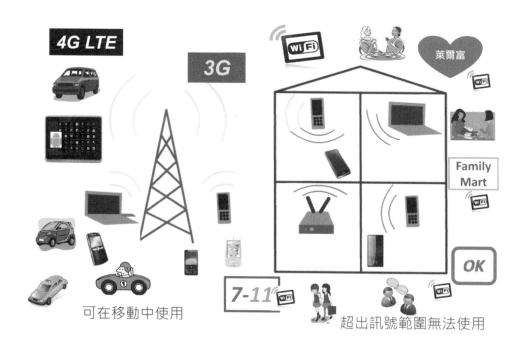

圖 1-9：3G/4G 與 Wi-Fi 的差別

圖 1-10：AP 接收器概念

1-2-2　行動商務

　　行動運算環境的出現對個人每天的生活以及目前公司日常營運影響非常大，商業運作方式也正在改變中，企業也由傳統有線的網際網路環境中進行電子商務(Electronic Commerce, EC)的交易工作或電子化企業(e-Business, EB)的運作改變成為在無線環境中進行 EC 與 EB 任務，新的運作模式稱為行動商務(Mobile Commerce)。行動商務與電子商務有著相類似的特性，透過網際網路來完成交易工作，但特別強調在行動裝置上，創造出新服務與引進更多的顧客使用。

　　行動商務可以說是延伸電子商務與電子化企業過去運作方式所形成的創新應用，能夠被大眾接受而流行的最主要的原因就是使用了功能極為豐富的智慧型行動裝置，讓行動商務以更快速或更炫麗的方式吸引顧客大量使用，譬如在過去網路拍賣、網路購物、電子股票交易等均屬於電子商務範疇的網路機制，剛開始都只能透過 PC 或 NB 的瀏覽器上網完成，但是在行動商務中，多了智慧型行動裝置延伸了其他

創意應用，甚至可以更精準地說，這是只有在行動運算環境才可能做到的創新服務，例如透過社群網站 Facebook 可以進行線上即時分析同好朋友之間的大量貼文或回覆文字內容的關鍵字來決定推哪一檔的商品廣告給於這群同好者，譬如現在談論的議題是智慧型手機，就推新型智慧型手機廣告，並同時連結到委託廣告的廠商的網路拍賣、網路購物電子市集網站上增加買氣，甚至還可以透過手機上位置定位功能 GPS，在即時狀況下再搭配簡訊通知顧客目前附近有哪些他可能有興趣的餐廳在附近可以選擇，這種地點式的目標行銷是傳統電子商務環境所辦不到的事情。

1-3 行動運算的特性

根據實務看法，行動運算與傳統其他運算環境架構有一些應用上的差別，基本上行動運算有三大特性，分別為行動運算的可移動性(Mobility)、行動運算的可聯繫性(Broad Reach)以及行動運算的定位(Location-based)特性，分別說明如下：

(1) 行動運算的可移動性(Mobility)

行動運算與行動商務指的就是可以攜帶輕巧的行動裝置隨著工作場所四處移動並完成工作任務，所以工作使用者是身在何處都沒有關係，在任何地點(Anywhere)，只要使用者所攜帶的行動裝置能夠成功連接到無線網路環境中，就可以與其他資訊系統進行即時的互動，沒有地點的限制，如圖 1-11 所示，在公司、住家、捷運上、高鐵上、火車上、飛機上、豪華郵輪上、開車旅遊中、休息旅館或飯店中、甚至在遊樂園、速食店中、餐廳中都可以有相關無線行動運算環境可以使用進入雲端商用 ERP 系統存取資料處理商務工作。

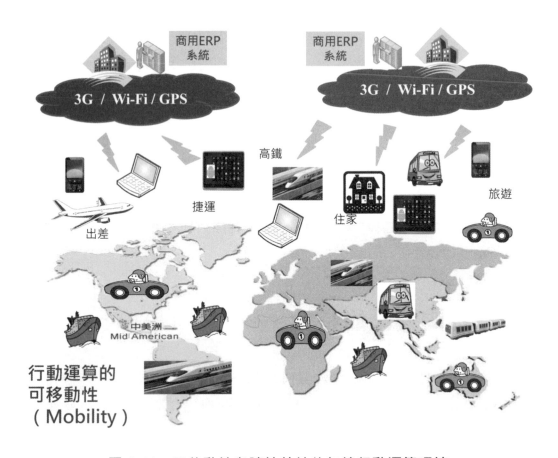

圖 1-11：可移動性與隨地特性的無線行動運算環境

(2) 行動運算的可聯繫性(Broad Reach)

在行動運算環境中，任何時間(Anytime)都可以聯繫到您想連絡的使用者或客戶，只要該聯繫的對象開啟行動裝置的瞬間，就可以馬上連絡上想連絡的使用者或客戶沒有時間的限制。如圖 1-12 所示，在商務上，業務人員不管在任何狀況之下可以在任何時間利用行動裝置傳送產品資料、合約等產品或訂單相關訊息給顧客，除此之外，不管在哪一地區哪一時間，行動裝置開機中且連接上網路，也可以隨時收到顧客發送過來的訂單，且使用者可以很彈性的下載自己習慣的商用APP 使用，譬如有適合 Android 或者 iOS 行動作業系統的 APP 可以下載使用連上雲端商用 ERP 系統查詢產品訊息、庫存量或者即刻下訂單給業者或供應商。

圖 1-12：可聯繫性與隨時特性的無線行動運算環境

(3) 行動運算的可定位(Location-Based)特性

　　由於 GPS 導航與定位技術上的成熟以及被廣為普及使用，目前的智慧型行動裝置上都有這項功能，只要使用者開啟 GPS 功能，則只要追蹤確定此智慧型行動裝置目前身在何處，就可以知道使用者目前所在精確地點，要辦到這樣的事情並不困難，例如在 2009 年莫拉克八八風災中為了搶先在黃金時段中快速救人，就是憑藉著 GPS 系統功能讓救難大隊的搜尋工作更加順利進行，除此之外，定位功能的應用在企業的商品銷售與行銷上也非常重要，廠商可以透過開機狀態下的使用者手機所提供的 GPS 位置資訊，提供相關商品與服務訊息到使用者手機上，讓使用者知道他目前所在位置有哪些他會有興趣的商品或服務，如圖 1-13 所示，如果可以還能搭配網路地圖(例如 Google Map)導

引使用者快速、順利到達商店,當然如果是會員顧客,還可以參考顧客過去的消費紀錄整理成個人偏好資訊,讓廠商可以針對不同顧客的偏好發送給於不同商品或服務的廣告或推銷訊息,此種定位功能開啟了一個全新的銷售與行銷方式,此類電子商務模式稱為定位化商務(Location-based e-Commerce, LC)。

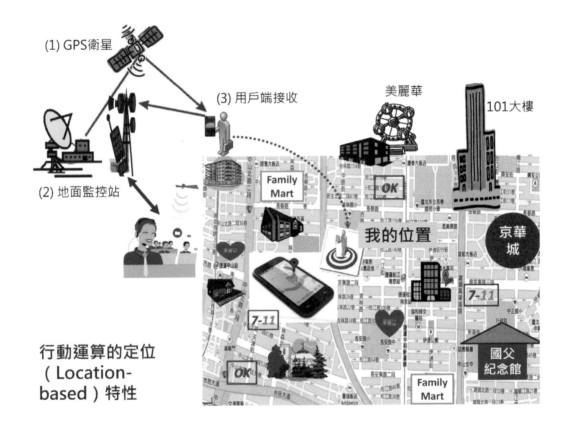

圖 1-13:行動運算的可定位(Location-Based)特性

上述三項行動運算的特性,讓人與人之間聯繫是沒有地點的限制,也沒有時間的限制,也同時讓行動商務發展更順暢,行動運算的可聯繫性是讓使用者隨時 Anytime 想利用智慧型行動裝置上網都沒阻礙,行動運算的可移動性是讓使用者到任何地點 Anywhere,想利用智慧型行動裝置連上網路都沒有障礙,Location-based 是讓其他人可以知道這一個智慧型行動裝置的使用者,在開機狀態之下,身在何處,簡

單說可以任何時間、任何地點都找的到這一個使用者。通常 Anytime 與 Anywhere 兩個特性的使用幾乎會同時出現行動商務的應用設計中，不易分開來設計，而定位化的特性更讓前兩項特性有更進階的應用機會。

1-4　無所不在(Ubiquitous)的行動運算

如前所述，行動運算無所不在，任何時間(Anytime)、任何地點(Anywhere)都有行動運算的活動進行中，除此之外，定位基礎(Location-based)的特性也是如影隨形發生中，下面將舉例說明。

 範例：無所不在的行動運算技術－Location-based Service

廣告公司已知道某個使用者用戶喜歡日式拉麵，而這位使用者用戶剛好經過某一商場洽公，商場中有幾家和風日式拉麵非常有名氣，這位使用者用戶就會收到一封簡訊通知目前所處位址的附近有哪家日式拉麵正在辦活動，並附上 20%折價卷通知該名使用者用戶，希望他能去享用此優惠服務。

這樣的行動商務設計方式具備了隨時、隨地、定位三要素功能，除此之外，也觀察出行動運算無所不在的特性，也因為 3G 與 Wi-Fi 的成熟與普及使用讓使用者方便及時連接上網路且非常方便取得服務訊息，不僅如此，個人化訊息通知才是最經典的創新服務，使用者的過去喜好資料在行動運算中很快速被整理出，再加上定位服務的功能的使用，不管使用者身處何處，都會提供相關產品與服務，這一點非常重要。

綜合以上範例與說明分析得知行動運算與行動商務的特性創造出其他加值功能，因為打破過去商務上時間與地點限制的藩籬，創造出無所不在、具方便性、可即時連結上網、個人化提供、定位化商務等價值。

學習評量

1. （　） 下列哪一選項是不是屬於行動工作者

   （A） 銷售業務

   （B） 餐廳或飯店服務生

   （C） 執法檢警人員

   （D） 會計出納人員

2. （　） 目前在國內這些智慧型無線設備在企業商務上的運用也正在起步中，主要的方式由 App 程式並搭配下列那些成員與商用系統溝通或分享資訊

   （A） 智慧型行動設備

   （B） 在 3G、Wi-Fi 等無線網路

   （C） 雲端(Cloud)環境

   （D） 以上皆是

3. （　） 業務人員拜訪顧客的行程工作也可以透過 App 這樣的解決方案來維繫良好的顧客關係，通常是使用智慧型行動設備在 3G、Wi-Fi 等無線網路進出雲端(Cloud)環境與商用系統分享，以及引進何種技術讓顧客關係管理更方便，公司鋪貨政策運轉更有效率

   （A） GPRS 與 1G

   （B） GSM 與 2G

   （C） GPS 與 Google Map

   （D） ERP 與 SCM

4. (　) 下列哪一選項不是 GPS 系統的應用範圍

(A) 導航

(B) 汽車輪胎定位

(C) 定位

(D) 計時

5. (　) 由於智慧型手機與平板電腦都是強調輕薄，下列哪一選項是錯的

(A) 無法載有大量的記憶體

(B) 無法載有大量的硬碟

(C) 可以擁有非常大量的記憶體

(D) 無法載有運算強大的 CPU

6. (　) 為了滿足智慧型手機個人使用需求(食、衣、住、行、育、樂等)而產生出來的雲端概念即為

(A) 個人雲(Personal Cloud)的雲端概念

(B) 企業雲(Business Cloud)的雲端概念

(C) 社群雲(Community Cloud)的雲端概念

(D) 混合雲(Hybrid Cloud)的雲端概念

7. (　) 可以滿足使用者在移動中的工作需求的運算環境即稱為

(A) 運動休閒環境

(B) 行動運算(Mobile Computing)環境

(C) 外幣交易環境

(D) 知識交換環境

8. （　） 目前最夯的行動通訊技術就是 3G，稱為

（A） 第一代(Third Generation)行動通訊技術

（B） 第二代(Third Generation)行動通訊技術

（C） 第三代(Third Generation)行動通訊技術

（D） 第四代(Third Generation)行動通訊技術

9. （　） 第二代的行動通訊技術中 GSM 最具代表，有個致命的缺陷就是數據傳輸速率只有 9.6Kbps，而 GPRS 通常在 64Kbps 到 115Kbps 之間，基本上 GPRS 是用來改善 GSM 的，被視為 GSM 的加強模組，其傳輸速率與 GSM 比較上屬於

（A） 快

（B） 慢

（C） 一樣

（D） 看繳交的費用快慢

10.（　） 從 1980 年代開始使用的第一代(First Generation)行動通訊技術(常稱為 1G)的手機，是使用何種訊號溝通

（A） 數位訊號(Digital Signal)

（B） 類比訊號(Analog Signal)

（C） 全雙工數位訊號(Full-Duplex Digital Signal)

（D） 半雙工數位訊號(Half-Duplex Digital Signal)

題目	1	2	3	4	5	6	7	8	9	10
答案	D	D	C	B	A	C	B	A	C	B

商用系統介紹

2
CHAPTER

2-1　商用 ERP 系統介紹

　　從古至今即時(Real Time)資訊的取得一直是件重要工作,因為資訊越是即時發出收到就越顯得珍貴,因為決策工作的依據就是即時資訊,古代帝王亦是如此,每一代君王都很重視如何快速取得即時情報,例如秦始皇建築「馳道」,馳道是中國歷史上最早的「國道」,開始於秦朝。西元前 221 年秦始皇統一六國,秦始皇統一全國後第二年(前 220 年),就下令修築以咸陽為中心的、通往全國各地的馳道與直道。由於秦朝國家統一前各地的車輛大小不一,車道寬窄不同,全國各地車輛往來不方便,為了讓馬車在馳道與直道上行走更快速,因此規定所有車輛兩個輪子的距離一律改為六尺(大約為 138.6cm)且國家負責修建的道路規格統一,這就是"車同軌"制度,此外又命丞相李斯修築馳道與直道(當時秦朝的高速公路),著名的馳道有 9 條,是以秦國國都咸陽為中心,東至燕齊,南至吳楚,另修北至九原(綏遠境內),此即直道,約 1800 里,南至零陵(湖南境內)兩條南北交通大道,其主要目的在於北討匈奴,南征百越,另一個主要目的是鞏固帝國,便利運輸以及巡遊,但馳道與直道最重要的功能是所有重要情報可以透過七、八百里快馬的馬車快速奔馳在馳道或直道上,在很短的時間(不出三天)之內將前線戰情報告給秦始皇知道,在幾次抵禦匈奴戰役中馳道扮演了提供即時資訊的重要角色,如圖 2-1 所示。

西元前221年

圖 2-1：透過馳道快速取得前線即時戰情

　　另外一個在近代發生的經典故事「滑鐵盧戰役」，這故事告訴我們能快速獲取即時情報是多重要的事情，此故事最後的贏家是羅斯柴爾德家族。這一個典型的故事可以說明通過散布謠言賺錢的方法，這個故事發生在 1815 年法國拿破崙將軍與英國威靈頓公爵對決於比利時滑鐵盧，故事如下：

　　阿姆斯洛摩西鮑爾是家族銀行業務的開創者（後來將其姓氏改為羅斯柴爾德，或許這件事就反映了其狡猾之處，因為其家族正是通過各種狡猾的手段開展業務的）。起初，阿姆斯洛為當地政府提供貸款，後來業務擴大，開始為各國政府提供貸款。他將自己 5 個孩子安排在

遍及歐洲的家族銀行之中。內森去了<u>倫敦</u>，梅耶前往<u>法蘭克福</u>，薩洛蒙進入<u>維也納</u>，詹姆斯進軍<u>巴黎</u>，卡爾則入駐<u>那不勒斯</u>。這個家族獲取財富的方式，就是在各國政府間挑撥離間而從中獲利。戰爭的威脅會推動各國政府大量舉債，進而也給羅斯柴爾德家族帶來大量的利潤。隨著各國政府不斷提高工業產能、準備戰事，其背負的債務也越來越多。即便戰爭最終沒有爆發，羅斯柴爾德家族也能從各國的備戰行動中獲利無數。如果戰爭確實爆發，那麼，為了維持主權獨立，各國政府將迫不及待從其他地方借貸經費進行備軍。

羅斯柴爾德家族的 5 兄弟分布在歐洲各處，因此，無論在哪裏爆發地區衝突，他們都能獲利。就英法之間的戰事而論，例如在 1815 年 6 月的滑鐵盧戰役，那就是利用「誤報訊息」，達到羅斯柴爾德家族所渴望的結果，如圖 2-2 所示。

圖 2-2：取得前線即時戰情影響金融市場

　　此次戰役之前，這個家族就已經在歐洲建立了情報收集與傳遞系統，將家族經營的每一個銀行中心以及各兄弟之間連接在一起。數量眾多的快遞信使會攜帶著印有特殊標誌的文件袋傳遞訊息，文件袋中便是秘密情報。而各國在邊境部署的邊防警察受命必須在任何情況下都不能延誤送信使命，即便快遞信件來自當前正與之交戰的敵對國也不例外。這些信使傳遞情報的速度快、效率高，這使得羅斯柴爾德家族能先於金融市場上的其他對手獲得情報，提前行動，無論消息是好是壞，這個家族都能賺錢無數。其他銀行家充分了解他們的情報傳遞系統，因此會密切關注羅斯柴爾德家族在市場上的一舉一動，以此獲得正在發生的諸多重要事件的資訊。

就滑鐵盧戰役而言，內森羅斯柴爾德為同在倫敦的債券持有人上演了一出精彩的表演劇。內森已提前獲得拿破崙戰敗的消息，如圖 2-3 所示，但是他的一舉一動似乎都表達出那個來自科西嘉島的暴君已獲勝的擔憂與懊惱。流露在他臉上的表情，顯然是收到壞消息時的絕望，因此所有倫敦債券持有人信以為真，開始狂拋英國政府的債券，但內森的代理人馬上以極低的價格快速買進。當官方消息姍姍來遲後，宣告威靈頓打敗拿破崙時，英國的債券價格急速反彈，此時內森的同行人士意識到被他欺騙時，內森已經消失無蹤，沒有人知道他去了哪裏，這個故事告訴我們，「掌握資訊，就能夠掌握商機」。

> ➢ 比利時滑鐵盧 → 英國倫敦：400 公里　　英吉利海峽：41公里
>
> ➢ 時間：西元1815年6月
>
> ➢ 事件：拿破崙敗局已定，羅斯柴爾德家族間諜快馬飛奔傳遞訊息
>
> ➢ 6/18 傍晚　A 滑鐵盧 → B 布魯塞爾　　17公里　　（比利時）
>
> 　　　　　　　B 布魯塞爾 → C 奧斯坦德　　113公里　　（比利時）
>
> ➢ 6/18 半夜　C 奧斯坦德 → D 加來　　　93公里　　（比利時→法國）
>
> ➢ 6/19 清晨　D 加來 → E 福克斯通　　　66公里　　（英吉利海峽）
>
> ➢ 6/19 中午　E 福克斯通 → F 倫敦市　　112公里　　（英國）
>
> ➢ 官方訊息確在 6/21 晚上11點　威靈頓公爵的信使抵達倫敦

圖 2-3：羅斯柴爾德家族取得前線即時戰情細節

今日的企業主同樣會面臨著許多經營環境壓力的挑戰，例如全球化競爭與威脅、提高市場佔有率以及高漲的顧客期望等，這些壓力使得企業必須思考如何降低供貨成本？如何減少庫存？如何縮短產出時間？如何快速地回應顧客需求？如何提高顧客的服務品質？以及如何有效地協調需求與資源的供給？今日企業已經進展到網路與資料庫盛

行時代，能夠回應這些問題的根本源頭就是企業需要有一個可以提供正確的即時資訊機制，因此，對一個企業內部而言，基本的工作必須能夠整合(Integration)各部門所擁有的資源並且能夠即時產生正確的資訊，為了達到這些企業商務目標，有越來越多的企業使用企業資源規劃(Enterprise Resource Planning, ERP)系統來回應公司所面臨的競爭壓力。

2-1-1 商用 ERP 的定義與歷史演進

如圖 2-4 顯示 ERP 系統發展過程，從 1960 年代開始到 2000 年，電腦應用於企業營運上的過程變化。

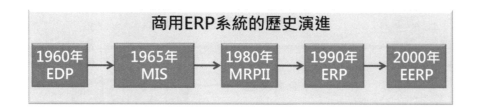

圖 2-4：商用 ERP 的定義與歷史演進

隨著資訊技術的進步，企業應用資訊系統亦有不同變化。從 1960 年代開始，企業開始使用電腦來處理日常的交易資料，以節省人力及提高資料的正確性與時效性，此種方式一般稱為電子資料處理 (Electronic Data Processing, EDP)。電子資料處理代表了組織中基本而例行作業的自動化，例如在製造系統上，即著重於存貨的控制。由於電腦用來處理例行性交易資料非常成功，因此，在 1965 年後逐漸孕育出一個新觀念，就是提高電腦的應用層次，使電腦能夠支援組織內更高階層的管理活動，如管理控制與策略規劃等，於是管理資訊系統 (Management Information System, MIS)觀念便應運而生。從此企業開始

發展一些管理資訊系統來支援決策制定或提升組織績效，例如會計資訊系統、存貨控制系統、行銷資訊系統等等。

這些資訊系統的來源可能是企業自行量身訂做開發，也可能是透過外包(Outsourcing)方式取得，甚至或者購買現成的套裝軟體(Software Package)就可以獲得。但隨著資訊技術的進步及時間的演進，企業累積了大量的交易資料，而這些不同資訊系統之間的資料交換問題也日益嚴重，企業必須花費更多的人力、財力來維護這些資訊系統，才能確保資料的正確性與一致性，換言之，這些各自獨立的資訊系統，彼此之間很難共享資訊，對於組織的效率與企業績效造成了負面的衝擊，而在過去這些現象也被稱為資訊孤島，如圖 2-5 所示。

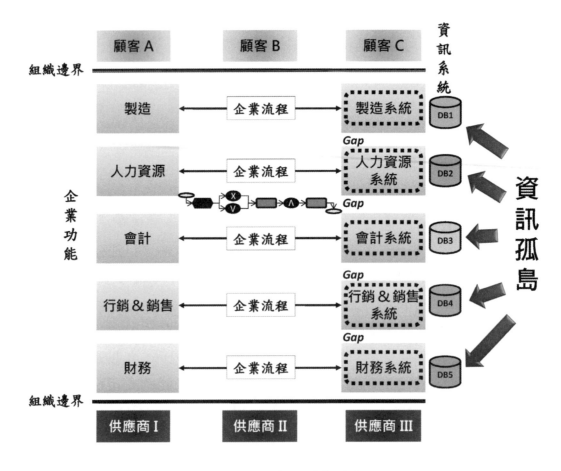

圖 2-5：資訊孤島現象

因此，一個能夠整合企業營運管理系統、解決企業在營運上所產生之大量且複雜的交易資料、提供整合且即時的資訊，以支援企業運作及決策制定的資訊系統，便為大家所殷切期盼。

另一方面企業應用系統的軟體廠商累積大量的產業的相關知識，開發出各行各業所需要的應用資訊系統，例如財務會計資訊系統、行銷管理資訊系統、人事薪資資訊系統等、生產管理資訊系統、庫存管理資訊系統。但隨著資訊技術的進步與經營環境的改變，企業必須整合內部各個功能的資訊系統，以快速回應顧客需求及反應市場變化。因此，這種整合性的套裝軟體便受到企業的歡迎，此即企業資源規劃(ERP)軟體的濫觴，如圖 2-6 所示，ERP 軟體可以使各個功能的應用程式共享資料，以同一套資料庫方式運作，此亦為 ERP 系統重要的特色。

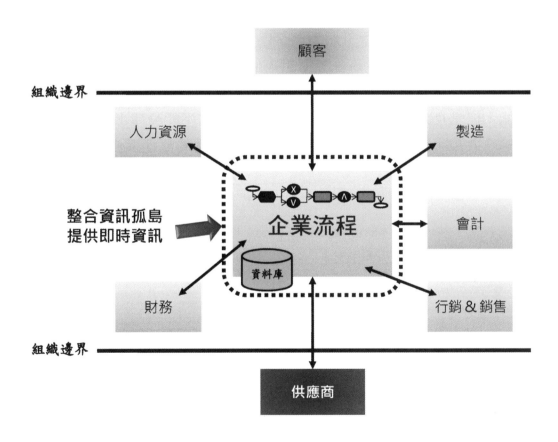

圖 2-6：ERP 軟體共享資料

Gartner Group 機構在 1990 年代初首先提出 ERP 的概念，APICS 也於 1995 年為 ERP 軟體或 ERP 套裝軟體(Software Packages)提出較為明確的定義。ERP 系統主要功能為將企業營運中各流程中所需的資料即時整合，並將整合資料都匯入會計模組中。即時與整合的資訊對企業而言有兩方面的功能：一為加速流程的進行，另一則為提供決策支援所需的資訊。APICS 對企業資源規劃做了以下的定義：「企業資源規劃系統乃是一種財務會計導向(Accounting-Oriented)的資訊系統，其主要的功能為將企業用來滿足顧客訂單所需的資源進行有效的整合與規劃，以擴大整體經營績效、降低成本，所需的資源涵蓋了採購、生產與配銷運籌(Logistics)作業」。

以目前企業的實際運作而言，幾乎所有流程最後都會將相關的財務資訊匯入會計帳中，因此財務會計模組便成為 ERP 系統的核心。根據 2006 年國立中央大學針對台灣 249 家企業所進行的調查顯示，企業導入最多的模組亦是財務會計模組，佔 92%。財務會計中的應收帳款管理、應付帳款管理以及整合性財務報表的產出等都是此模組的基本功能，但是企業如果只導入財務會計模組，並不能發揮 ERP 系統整合的綜合效果，應該再導入其他與企業運作相關的流程模組，以發揮資訊整合的效益。

2-2　現今的企業為何需要使用商用 ERP 系統

　　ERP 系統已成為企業 e 化的核心，目前導入 ERP 系統的產業涵蓋非常廣，例如製造業、金融業、營建業、通訊業、零售業、電力公司、石油業、媒體業、政府單位、軍事單位以及大學等都有豐富的導入案例，甚至某些生命禮儀服務業也都開始使用 ERP 系統。使用 ERP 系統的企業員工人數也從數十人到幾十萬人的都有。

　　ERP 系統的特色在於經由資訊的整合而使跨模組的流程可以迅速完成，例如圖 2-7 是一個從接單到配送的流程。在此流程中，客戶可先來詢價，公司回覆報價，然後客戶下訂單，公司在接到客戶訂單後先行檢查庫存，是否有現成產品，如有足夠數量的產品就進行出貨配送、並印製帳單，最後收取貨款。在這個簡單的流程中，詢價、報價與接訂單屬於業務與行銷部門負責工作，庫存檢驗與揀貨是屬於倉儲管理部門工作，出貨配送屬於配送部門工作，而帳單印製與收款則屬於財務會計部門的工作。由此可知，一個簡單的流程，實際上卻經歷了數個部門，包含業務與行銷部門、倉儲管理部門、配送部門、財務會計部門。

　　如果是一家典型生產製造的企業，則必須在作業流程中額外包含生產製造與原物料採購的作業流程，此時所跨越的部門就會更多，例如生產管理部門以及採購部門。在競爭激烈的產業中，如何縮短流程所需的時間，在每一步驟都做出適當的決策，就成為重要的決勝點。如果無適當的資訊系統將所需資訊加以整合彙總，那麼每一部門都需要花許多時間等待其他部門以紙張書面送來資訊，如此何以有效率的完成高品質的工作呢？

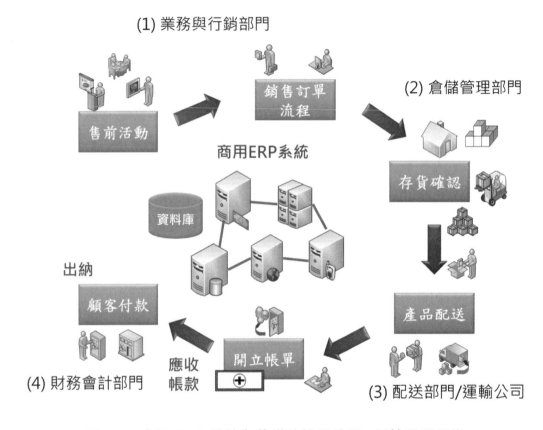

(1) 業務與行銷部門

(2) 倉儲管理部門

商用ERP系統

出納

應收帳款

(4) 財務會計部門

(3) 配送部門/運輸公司

圖 2-7：商用 ERP 系統為基礎的簡單流程--從接單到配送

　　例如在 e 化的環境下，客戶普遍對網路上的交易有較嚴格的交期要求，因此同業中能快速完成相關流程的企業，就可在市場上制定新的遊戲規則。又如國外 IT 大廠，常對台灣的各大電腦製造公司提出很嚴格的訂單交期與貨物運送要求，在這些情況下，唯有導入商用 ERP系統的企業才得以生存。

　　為了讓企業運作更有競爭力，因此企業導入商用 ERP 系統的原因如下：

1. 提高企業的績效水準

2. 降低企業高成本的運作架構

3. 提高顧客的滿意度

4. 簡化無效率、複雜的企業流程

5. 滿足新的企業策略上之需求

6. 擴展全球運籌的能力，增加企業營運彈性

7. 將企業內部的流程予以標準化

8. 整合併購後的企業流程

　　ERP 系統象徵企業資源最佳化的整合運用，學者 Maskell 認為資訊系統的整合將可帶給企業組織三種效益，分別為：

1. 透過各部門應用系統與資料的整合，中高階主管可以獲得廣泛且跨部門的即時資訊，以更有效地控制整個企業的運作。

2. 企業資料的整合將使得各系統使用相同的資料庫，而且資料定義一致，也使得部門之間的溝通協調更加順暢。

3. 可避免因為重覆輸入的工作所產生的錯誤，如此可以提高工作生產力。

　　此外，Anderson Consulting 指出，將 ERP 系統做好的報酬率是可觀的，例如：Autodesk 將 98% 的客戶訂單配送從兩個星期減少到 24 小時；IBM 的行銷管理部門將所有存貨重新定價所需的時間由原來的 5 天減少到 5 分鐘，存貨管理部門完成訂單的寄送從 22 天降至 3 天；Fujitsu 的客戶訂單處理從原來的 18 天減少到 2 天，結帳時間較舊系統減少了 50%。

　　在台灣地區，因大部分產業屬於 OEM／ODM 型態，因此 ERP 系統功能的發揮也有不同的形式。目前在各大 IT 製造業上最重要的問題是快速接單與全球運籌能力的提昇，譬如某大企業透露目前其電腦生產接單時程已從過去的 955、982、進至 1002。亦即過去 95% 的貨必須於接單後 5 天內生產完畢離開工廠，目前已改至 100% 須於 2 天內

生產完畢。如無適當 ERP 與先進規劃與排程(Advanced Planning and Scheduling, APS)系統，企業如何掌握所需物料資源，快速決定最佳生產方式？有多家企業甚至表示其裝置國際知名 ERP 系統的目的全在於取得顧客信任，以便爭取訂單。因為有些國際顧客相信企業裝置了國際知名的 ERP 系統即表示其流程已調整至國際水準，應足以信賴其 OEM 與 ODM 的能力。又企業目前普遍遭遇的全球運籌問題為–須將零組件與半成品運到離顧客最近處再加以組裝，同時又希望能降低各點庫存。這問題目前還未有很好的解決方法，但是所有的解決方案一定包含一套 ERP 系統，提供各點最即時與真實的營運狀況。

2-3　建構與使用 ERP 系統軟體所需要的技術

隨著科技的演進，ERP 系統軟體所運用到的科技環境也在改變，傳統商用 ERP 系統軟體只能安裝在大型主機系統，例如 AS/400 或 RS/6000，而現今的 ERP 系統軟體很多都有支援主從架構(Client/ Server)，作業系統方面可支援 Unix、VMS、OS/400 以及 Microsoft Windows。另外，在資料庫方面大部份支援大型資料庫軟體，如 DB2、Oracle、Sybase 以及 Microsoft SQL Server，甚至開放自由軟體的 MySQL 也可以。

除此之外，因為 ERP 系統為流程導向(Process-Oriented)的整合資訊系統，企業導入 ERP 時，應該利用流程管理工具清楚載明其流程步驟與內容，因此流程規劃的工具與技術也視為導入 ERP 系統所必須的基礎知識。

圖 2-8 表示 ERP 系統所使用的基本技術，所有應用模組的流程是由企業流程模型所描述與設計，設計結果經由多層式主從架構落實成 ERP 軟體，此軟體使用網路傳遞與蒐集資料，並將資料存於資料庫中。

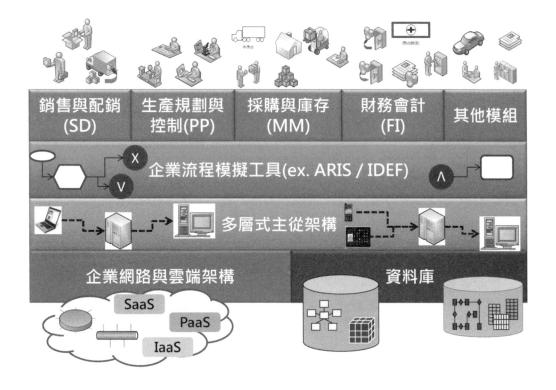

圖 2-8：商用 ERP 系統所需要的基本技術

　　目前 ERP 系統多採用多層式主從架構來設計，其中更以多層式 (Multi-tier)為目前系統架構的主流，如圖 2-9 所示，可由前端軟體連上 ERP 系統，也可藉由 Web 介面存取 ERP 資料，甚至有些公司的產品已 可透過手機與 Pad 上的 APP 使用 ERP 系統。

　　目前甚至有些 ERP 系統軟體供應商已經發展到雲端 ERP 系統架 構，可以讓企業在不需要安裝這些 ERP 伺服器環境下仍然可以使用 ERP 系統進行商務工作。詳細的後台規劃將在下節介紹。

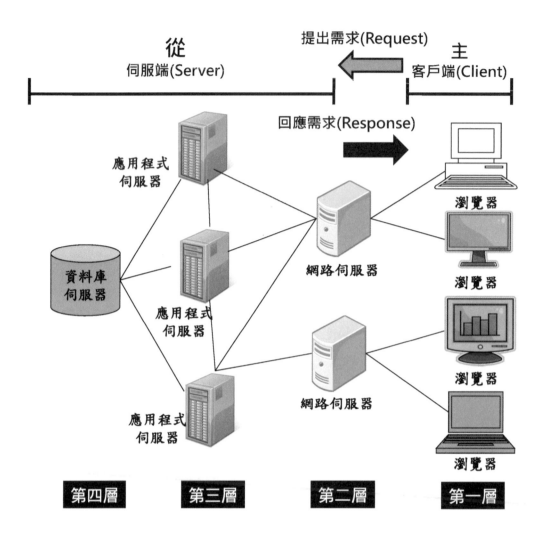

圖 2-9：商用 ERP 系統採用多層式主從架構設計

學習評量

1. （　） 秦始皇透過「馳道」可以快速取得即時情報，以現代公司經營環境而言就是指使用

   （A） 商用 ERP 系統

   （B） 修圖軟體

   （C） 名片建立軟體

   （D） 網頁製作軟體

2. （　） 近代發生的經典故事「滑鐵盧戰役」，羅斯柴爾德家族所使用賺錢手段的故事告訴我們能快速獲取什麼是很重要的事情

   （A） 升遷情報

   （B） 農作物情報

   （C） 船班情報

   （D） 即時情報

3. （　） 商用 ERP 系統的獲得來源可能是下列何者

   （A） 企業自行量身訂做開發

   （B） 透過外包(Outsourcing)方式取得

   （C） 購買現成的套裝軟體(Software Package)

   （D） 以上皆是

4. （　） ERP 系統一個很重要的特色就是 ERP 軟體可以使各個功能的應用程式共享資料，因此

（A）ERP 系統使用同一套資料庫方式運作

（B）ERP 系統必須使用不同套資料庫方式運作

（C）ERP 系統必須使用同多套資料庫方式運作

（D）ERP 系統無須使用資料庫方式運作

5. （　） ERP 系統主要功能為將企業營運中各流程中所需的資料即時整合，並將整合資料都匯入會計模組中。即時與整合的資訊對企業而言有兩方面的功能，一為加速流程的進行，另一則為

（A）提供生產線上製造機器所需的資訊

（B）提供電子公文簽呈所需的資訊

（C）提供人工智慧運算所需的資訊

（D）提供決策支援所需的資訊

6. （　） 以目前企業的實際運作而言，幾乎所有流程最後都會將相關的財務資訊匯入會計帳中，因此財務會計模組便成為 ERP 系統的核心。根據過去調查顯示，企業導入最多的模組是

（A）生產規劃控制模組

（B）銷售與配銷模組

（C）財務會計模組

（D）物料管理模組

7. (　　) 目前 ERP 系統多採用何種方式架構來設計

(A) 單層式主從架構

(B) 多層式主從架構

(C) 兩層式主從架構

(D) 大型主機架構

8. (　　) 對企業內部而言，基本的工作必須能夠整合各部門擁有的資源，以及即時產生正確資訊，為了達成此目標，越來越多企業使用

(A) ERP 系統

(B) 生產工單系統

(C) 產品資料管理系統

(D) 鐵路訂票系統

9. (　　) 在電子化企業(e-Business)環境中，下列哪一個選項是指可用的 e 化軟體系統

(A) 企業資源規劃(ERP)

(B) 商業智慧(BI)與客戶關係管理(CRM)

(C) 供應鏈管理(SCM)

(D) 以上皆是

10.(　　) ERP 系統所運作維護的資料類型是

(A) 分析性資料

(B) 決策性資料

(C) 日常交易性(Transaction)資料

(D) 離散型資料

題目	1	2	3	4	5	6	7	8	9	10
答案	A	D	D	A	D	C	D	A	B	C

雲端運算架構

3
CHAPTER

　　在過去主從架構剛剛被提出的時候，剛開始產、學界有網路的主從架構方法被提出，亦有資料庫的主從架構方法被提出，同時程式設計方面亦有主從架構方法被提出來討論，當時亦為各說各話的年代，但有趣的事情是，每個人要如何確定你昨天聽到的「主從架構」，和前天聽到的「主從架構」，是在講同一件事情嗎？如今，歷史又再次重演一次，今日實務上火紅的「雲端運算(Cloud Computing)」架構亦為人云亦云、各說各話，繼大型主機架構到主從架構的大轉變之後的又一次重大巨變。

3-1　雲端(Cloud)的由來

　　這朵雲究竟是怎麼飄進目前 IS/IT 領域呢？根據一般性的說法，所謂「雲端(Cloud)」其實就是泛指「網路(Network)」或「網際網路(Internet)」，名稱來自過去大多數的資訊工程師在繪製網路環境的示意圖時，常常會以一朵雲來代表「網路」。因此，「雲端運算」用白話文講就是「網路運算」。舉凡運用網路溝通多台電腦的運算工作，或是透過網路連線取得由遠端主機提供的服務等，都可以算是一種「雲端運算」，如圖 3-1 所示。

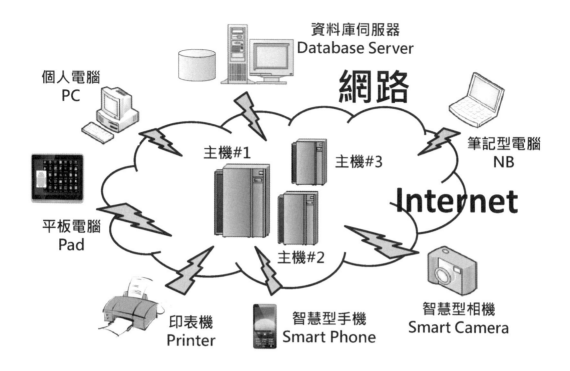

圖 3-1:「雲端運算」中雲端(Cloud)的由來概示圖

3-2 雲端運算的定義

　　目前學術與實務上充滿許多琅琅上口的名詞都跟「雲端運算」有關係,基本上,只要是透過網路線接上「雲端」(不管是採用有線上網或無線上網方式)並利用遠端資源就可以稱做「雲端運算」,如果是用這樣如此簡單定義準則被認定,那麼人們每天登入 Gmail 後收發信件的主從架構(Client/Server)、或者利用點對點(Peer to Peer,簡稱 P2P)技術取得資料的軟體 Skype、eMule、BT 等,豈不都可以算是「雲端運算」?但是這兩者在特質上還是有明顯的差異,究竟真正的「雲端運算」是什麼呢?是否有一種較為簡單、精準的說法可以區分呢?

　　當某一天不管是大公司或者小公司都宣稱自己是一個可以提供「雲端運算」的公司或服務業者，且各企業也爭相歸類把自己歸類成「雲端」、提供的服務也是在「雲端」以及期盼客戶也要學「雲端」，又甚或市場上充斥著喊出 Web 3.0 就是「雲端」，大家都在宣稱自己是雲端的時候，實情就越來越飄渺虛無了！任意使用「雲端」並沒有太大關係，這樣反而可以在開始萌芽時期讓一般民眾、員工、企業主等使用者，更能將此名稱琅琅上口，促使大家更快的進行系統軟體更換，更盡快適應使用網路上的資源，也是一個不錯的方法，只不過，若是對於真正想了解或使用「雲端運算」來做一些應用的企業 IT 部門，或者是正在為「雲端運算」奮力研究的學術或產業應用的研究人員來說，如果大家口中所講的「雲端運算」卻有可能是在講完全不同的技術，那就變成牛頭不對馬嘴、雞同鴨講等是非不明的言論，這樣就很不好，會讓人們誤會而誤導使用，因為上述的說法似乎太狹義了，根據維基百科(Wikipedia)對雲端運算的定義：

雲端運算是一種透過網際網路(Internet)的運算方式來共享資源。軟體(Software)、硬體(Hardware)和資訊皆可以按照需求方式提供給使用者與其他裝置。

　　繪製如圖 3-2 所示。

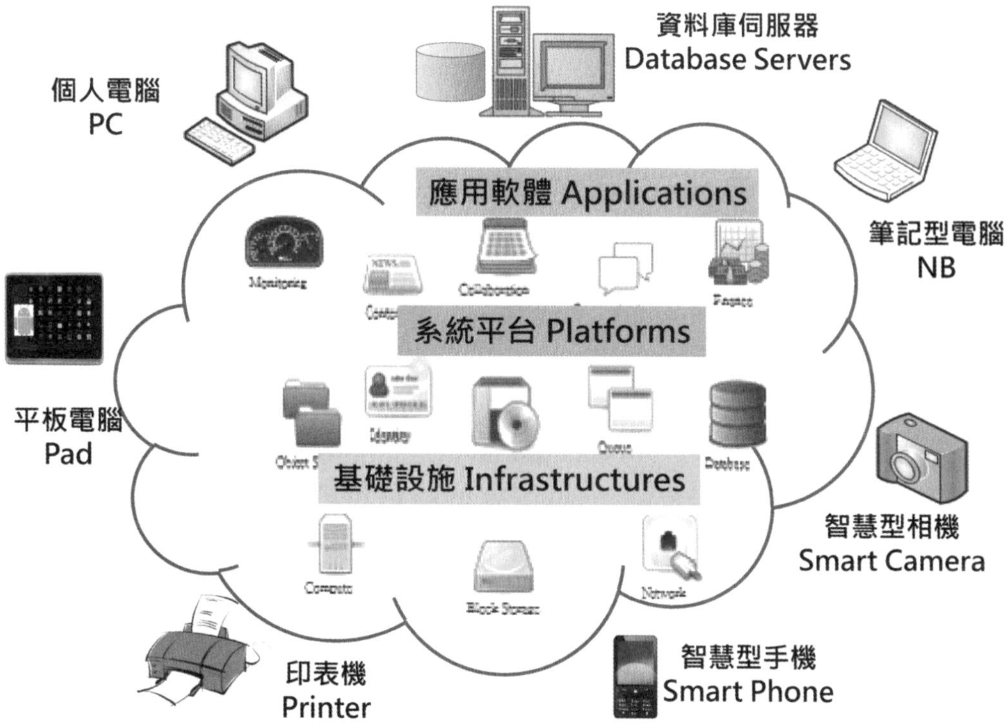

圖 3-2：雲端運算

　　只要是透過網際網路來計算的都可以算是雲端運算，但是這樣的定義內容又有點範疇過大，會讓大家認為「雲端運算」的議題為 IS/IT 應用上較為技術概念的一個概括性名詞，例如目前較為熱門的方向有軟體即服務 SaaS (Software as a Service)、平台即服務 PaaS (Platform as a Service)、基礎設施即服務 IaaS (Infrastructure as a Service)、資料中心 (Data Center)等，甚至會常見到雲端運算中技術方面的最佳代表就是 MapReduce，而 MapReduce 是一個軟體架構，在 2004 年最早由 Google 提出來處理超大量資料的技術，也因此讓 Google 一舉成功攀登為搜尋引擎市場上的第一名，後來 Yahoo 也跟進使用改良版的 Hadoop MapReduce，同樣成功鞏固在搜尋引擎市場的地位，其他公司也都加入使用此技術概念，譬如國內趨勢科技 (Trend Micro) 運用 Hadoop MapReduce 在大量可疑的電腦行為記錄中進行分析，並找出解決方案。

對於一般人而言，「雲端運算」在行銷市場的意義上，遠大於技術上的意義，但是「雲端運算」還是需要技術來支持，如果本身定義太廣，就變成是在形容任何一個可能的技術，也就是說目前對「雲端運算」的定義，涵蓋太多可用的技術，例如資訊安全中的防毒程式也有雲端版本服務，例如趨勢科技也在談論自己公司產品的雲端運算概念，最後演變成市面上大大小小的公司，只要有推出網路相關服務也都宣稱自己的服務或產品是屬於「雲端」層級。為此，我們也順著上述的說明與定義特別將「雲端運算」區分為兩大方向來介紹，分別為「雲端服務 (Cloud Computing Services)」以及「雲端技術 (Cloud Computing Technologies)」，但是這兩部份最後都會被視為雲端運算的範圍，只是必須分開來檢視、說明與討論，這兩部繪製如圖 3-3 所示。

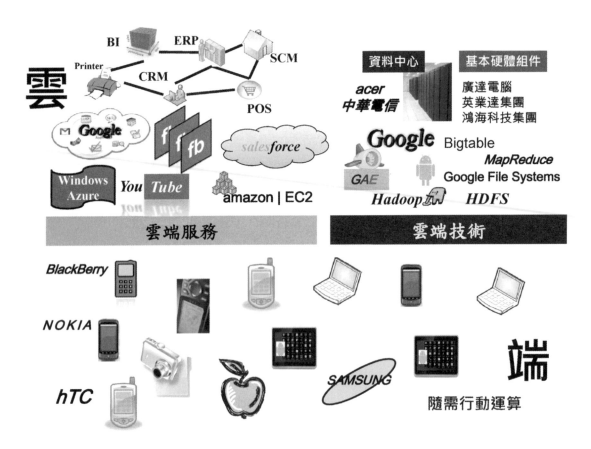

圖 3-3：雲端服務 VS. 雲端技術

以供需的觀點來看，任何程式或電腦提供任何資源給其他有需要的程式、電腦或使用者就可以被視為有提供服務的概念。「雲端服務」，所談及的「服務」是強調經由網際網路來提供。服務可經由瀏覽器進行存取或者是其他 APP 程式操作來完成服務。以下以兩個國外實例說明「雲端服務」，第一個為亞馬遜公司的 AWS(Amazon Web Services) 的 Amazon EC2(Elastic Compute Cloud)，稱為虛擬伺服器空間服務，另一個為 Salesforce.com 公司的 Sales Cloud CRM 工具。

 實例一：Amazon EC2 虛擬伺服器空間服務

亞馬遜公司推出的 Amazon EC2(Elastic Compute Cloud)是架構在 AWS(Amazon Web Services)的虛擬伺服器空間服務，任何使用者只需要完成註冊成為 EC2 的會員，並建立一個帳號，以及綁定有效的信用卡卡號，即可獲得一台完全屬於自己的虛擬伺服器，換言之，就是提供給顧客一個虛擬的電腦環境，這一個虛擬電腦環境的使用者還可以進一步調整自訂環境樣式與內容，但只可以選擇雲端平台上服務商所提供的選項，允許可以針對作業系統、CPU、RAM 大小、硬碟空間大小等選擇項目，例如：設定自己需要使用的作業系統軟體為已經預先安裝 Apache 的 Windows 作業系統，還可以設定要求配備雙 CPU、8GB 記憶體大小、200GB 硬碟空間，甚至可以設定防火牆來控管通訊埠號(例如 Port：80)與協定名稱(例如 HTTP)等，Amazon EC2 被稱為彈性運算服務是因為上述的彈性空間很大，都可依照使用者需求來設定，一段時間之後更可以設定讓配備升級，這些設定全部使用 Web 瀏覽器介面完成，標榜使用多少資源就支付多少費用(Pay as you go)的彈性訂閱服務。

實例二：Salesforce.com 公司的 Sales Cloud CRM 工具

　　Salesforce.com 公司在 1999 年成立，主推客戶關係管理(CRM)軟體，是一家提供按客戶需求而制定的軟體服務，每個月客戶支付租金來使用網站上的各種服務，這些服務包含客戶關係管理的各個方面功能，從普通的聯絡人管理到產品目錄、訂單管理、潛在顧客管理、銷售管理等，Salesforce.com 提供一個平台，使得客戶無需透過採購而擁有自己的軟體，客戶也不需要聘僱人力維護、儲存、管理資料，因為所有的資料都儲存在 Salesforce.com 上面，除此之外，客戶隨時可以根據需要去增加新的功能或者去除一些不必要的功能，落實按需要使用(On-Demand)，一開始客戶只要設定好平台上工具的功能就可以使用此工具所提供銷售活動服務，例如設定好 Sales Cloud CRM 工具，就可以使用包括客戶、產品、市場行銷、合約等管理以及關鍵績效指標(KPI)的儀表板(Dashboard)監控管理功能，這些設定也全部可以透過瀏覽器(例如 IE、Chrome、Firefox)介面完成。使用這類服務，使用者完全不必去擔心資源不足的問題，雲端服務商自動幫使用者將需要的伺服器、資料庫以及儲存空間等都準備好，使用者只要放寬心情把客戶相關銷售資料交給網際網路上的服務商即可，這也充份表達出只要使用者善用 Internet 就可以獲得方便性的服務，讓使用者可以安全的將所有資料都存放在遠端的一台或多台伺服器中，不管使用者到哪裡都可以存取應用資料，更方便的是網際網路上遠端的服務商也可隨時動態地依需求協助服務升級(Upgrade)或更動(Change)，但是使用者只可以選擇此雲端平台上服務商所提供的選項來更動。

　　如此可以讓看似不起眼的小手機或沒有太多運算能力的平板電腦能在網際網路上協助使用者處理許多公司或日常生活上的事情，這一類型的雲端運算，主要是以從未見過的新型"服務"方式來看待雲端運算內涵。

　　除了上面描述的「雲端服務」觀念之外，另一個雲端運算的重點就是「雲端技術」，這部分所談的是雲端運算架構中那些可以用上的「技術」，譬如 Google 關鍵字查詢服務就是一例，其背後所使用的網頁搜尋原理就是一種「雲端技術」，在真正的 Google 內部系統中是以多台電腦同時一起運算、儲存，甚或相互備援等方式來進行，但是因為需要在極短時間內回應查詢結果，所以技術上需再搭配各地所建置「資料中心(Data Center)」機制來完成大量資料的處理，因此使用的伺服器是可以從「幾部」到「數萬部」以上，這些伺服器會分散在許多地點，透過超高速網路相連接，形成一個龐大、處理速度極快的運算及資料儲存體，這就是應用資料中心功能的特色，但是究竟為何原因使用 Google 網頁搜尋功能當下可以在極短的秒數內得到跟查詢關鍵字有關的那些網頁的回覆呢？而且此回覆內容是依照相關程度高低排序過的網址超連結清單頁面，答案很簡單並不難理解，Google 網頁搜尋理論基礎為 MapReduce 技術，而 MapReduce 技術的運作原理分三個步驟說明如下：

步驟一

　　在任何人於 Google 首頁輸入關鍵字之前，Google 就已經開始在全世界網站內搜尋網頁資料了，也因為各個網站上的網頁不停更新新增，所以搜尋網頁資料的工作也持續不會停止，Google 使用一種自動尋檢程式或稱為網路檢索器，有時又被稱為軟體漫遊器在全世界網站內尋找網頁，在 Google 官方宣稱為自動尋檢程式為 Googlebot 程式，此程式就是類似網路爬蟲(Web Crawlers)程式，或有時候以網路蜘蛛(Web Spiders)程式來表示，全世界網站數量之多難以想像，網頁數量就更是多到數不盡，可以將全世界的網頁視為一本頁數多達上萬億的書，只要是被 Google 的爬蟲程式通過後抓取，則在幾秒內自動尋檢程式馬上就幫該網頁建立索引、儲存，可以想像成一本書的書末幾頁為該書中專有名詞所建立的索引頁，同時也會將建立索引當發生時的網頁相關資訊儲存在資料中心的資料庫中以備該網頁失效時顯示，就是

頁庫存檔內容，除此之外還會預先計算並建立網頁與關鍵字重要程度索引表資訊加快查詢時對照，如圖 3-4 所示，而 DT 那一張對照表就是儲存網頁與關鍵字重要程度索引值之處，根據官方資訊公告索引資料就已經超過 1 億 GB，因此必須使用幾個資料中心點分開儲存這些大量的資料，如圖 3-6 中的 DT1、DT2、DT3、DT4、DT5、DT6、DT7 是從 DT 對照表中拆出來的，通常會以幾個欄位為基準拆開儲存可以加快查詢對照的速度。

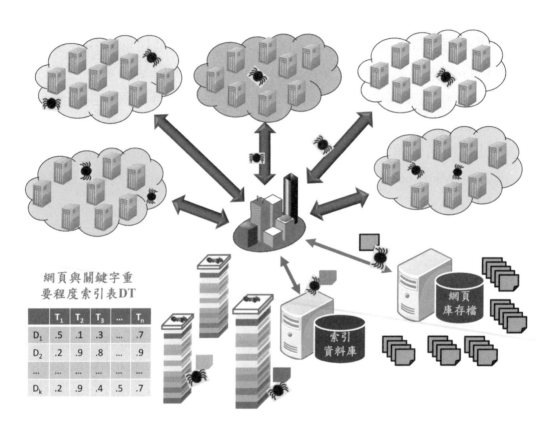

網頁與關鍵字重
要程度索引表DT

	T_1	T_2	T_3	...	T_n
D_1	.5	.1	.3	...	.7
D_2	.2	.9	.8	...	.9
...	...	...	...	...	...
D_k	.2	.9	.4	.5	.7

索引
資料庫

網頁
庫存檔

圖 3-4：搜尋前自動尋檢程式的工作

步驟二

　　在輸入關鍵字後，Google 會在短短零點幾秒內就回覆答案，譬如查詢內容為【羚羊奔跑速度】，0.20 秒就得到答案 113,000 筆網頁超連結資料，如圖 3-5 所示，可以這麼快速的原因是當您在使用 Google 進行搜尋時，並不是真的搜尋了整個網際網路的所有網頁，而是在搜尋 Google 的網頁索引，所以當使用者在 Google 首頁上輸入一個查詢的關鍵字時(圖 3-6 中的❶)，接著 Google 將這筆搜尋工作輸入關鍵字的分成許多的小程序(圖 3-6 中的❷)，這就是 MapReduce 技術中 Map 的工作，然後分派給不同的 Google 在各地資料中心的主機(圖 3-6 中的❸)，例如【羚羊】、【速度】兩個關鍵字在 DT3 找得到，而【奔跑】關鍵字在 DT7 找得到，接著根據各地資料中心的索引資料比對與計算排名(例如 PageRank 值)後提取這些可能的網頁超連結相關資料(圖 3-6 中的❹)，接下來回傳這些超連結相關資料(圖 3-6 中的❺)，最後在將運算的結果彙整，包含先排序(Sort)再合併(Combine)後準備傳給使用者(圖 3-6 中的❻)，這就是 MapReduce 技術中 Reduce 的工作。

圖 3-5：【羚羊 奔跑 速度】查詢結果

步驟三

　　在彙整(包含合併與排序)後就傳給使用者(圖 3-6 中的❼)，因此能在短短的零點幾秒就搜尋完超過十億個網頁的資料得到關鍵字相關網頁超連結清單頁面。

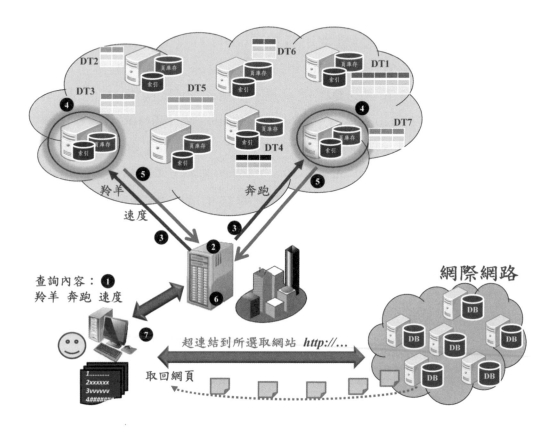

圖 3-6：輸入關鍵字後搜尋過程

　　現今誰能夠順暢地處理超級大量資料的企業就會以勝利出姿態衝出經營困境，面對雲端世界日以繼夜在產生大量資料的當下，Google率先提出 MapReduce 技術處理大量資料，因此持續保持領先，而此技術門檻模仿並不難，國外雅虎(Yahoo)與臉書(Facebook)以及國內趨勢科技皆已經使用來分析大量網路上資料，因此 MapReduce 幾乎成為雲端運算中技術的代名詞，如同上述的 Google 網頁搜尋的舉例說明，不難看出技術原理就是透過網際網路將一個龐大的運算處理程式自動分

拆成無數個較小的子程式，再由多部伺服器所組成的龐大系統搜尋、運算分析之後再將處理結果回傳給使用者，透過此項技術，遠端的服務供應商(例如 Google、Yahoo、Facebook)可以在很短的數秒時間之內，完成數以億萬計算的資料處理，功能上能與超級電腦(Super Computer)媲美提供同樣強大的網路服務，除了支援一般企業使用，在醫學上也可以解析癌症細胞，在遺傳工程方面可以為基因圖譜定序以及分析 DNA 結構與解碼等精密進階的計算工作，但是 MapReduce 也可以解開簡單的問題，例如計算一篇文章中所有字各出現幾次、或者文章內所有字母出現幾次，換言之，透過這項雲端運算的技術，才有辦法提供既穩定、又靈活、具彈性的雲端服務給遠端一般使用者。

綜合以上所述，雲端運算所提供的雲端服務或者研發設計的雲端技術都需要資金提供建構，所以像是 Google、Amazon、Microsoft、Yahoo 這種網路上的領先公司，就有龐大的資本及技術來建立龐大數量的雲端伺服器或主機以提供雲端服務，而國內為了迎頭趕上雲端運算的潮流，由中華電信、經濟部工研院、資策會及數十家相關廠商成立了一個「台灣雲端運算產業聯盟」機構，並宣稱訂定 2010 年為「台灣雲端運算產業元年」，對於雲端運算產業每年有數百億元的商機給於正面的指引方向。

3-3 雲端運算的基本特色

　　根據美國國家標準和技術研究院(National Institute of Standards and Technology, NIST)對於雲端運算定義確立了雲端運算會有五大特色、四種佈署模型以及三種服務模式，如圖 3-7 所示，接下來會針對這些基本觀念說明下。

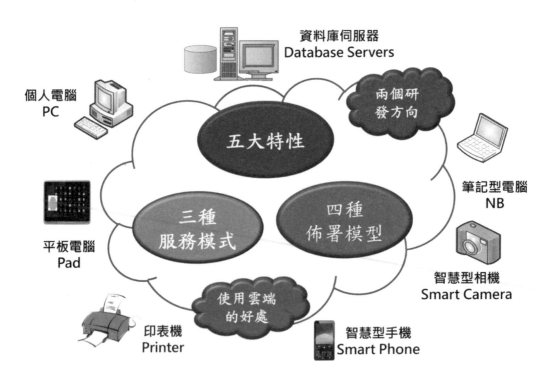

圖 3-7：NIST 定義雲端運算基本觀念

　　雲端運算依賴資源的共享以達成規模經濟，其模式類似電力網(例如台電公司)或者是水源供應網(例如自來水公司)等基礎設施。服務商整合大量的資源供多個用戶使用，用戶可以根據需要調整資源

使用的多寡，而雲端服務商可以隨時調整資源的使用量，將不需要的資源釋放回整個雲端運算架構中。想像中家裡的用電，當夏天天氣熱需要開冷氣時，大家並不需要去蓋電廠與架設電力網，只需打開開關，電力就送到。到冬天用電量少時，也不需要拆除電力網，只需關掉開關即可。

同樣方變得運作模式，也是雲端服務努力想達到的目標。用戶不需要因為短暫尖峰的需求就購買大量的電腦或硬碟，在尖峰用量時，用戶僅需提升租借量，而需求降低時用戶可以退租方式進行。服務提供者得以將目前無人租用的資源重新租給其他用戶，甚至可以依照整體雲端的需求量調整租借的費用。

NIST 定義雲端運算會有下列五個重大特色，如圖 3-8 所示，說明如下：

1. 隨選(On-Demand)即用的自助服務(Self-Services)，不需要人工介入，可經由正式申請後就可以自動取得所需的資源服務，立刻可以使用。

2. 無所不在(Ubiquitous)的網路存取，即可以提供廣泛的網路存取(Broad network access)服務，換言之，隨時(Anytime)隨地(Anywhere)用任何網路裝置都可以存取雲端資料。

3. 以資源池(Resource Pooling)提供雲端服務，提供資源的雲端廠商，以虛擬化(Virtualization)技術將可用資源整合成為可以提供多人、多租用共享資源設備給需要的用戶使用。

4. 佈署靈活度高(Rapid Elasticity)，可以根據用戶的需求內容快速擴充與縮減，重新佈署，靈活度高。

5. 可測量的服務(Measured Services)，是屬於可被監控與量測使用量的服務，就是用多少付多少。

以上這五項雲端運算特色，讓使用者可以採用任何網路設備透過網路並依據隨選需求，利用所提供的運算資源，包含中央處理器(CPU)與儲存體設備(Storage)，來存取各種雲端上的 IS/IT 服務，最後可以依照申請條約內容的單付費方式，以及用戶實際的雲端使用量來付費，此即 Pay As You Go。

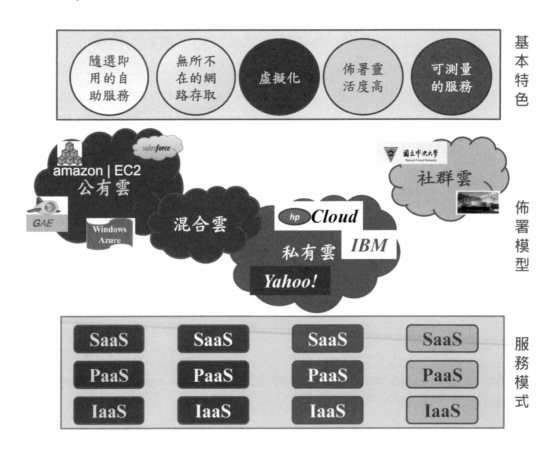

圖 3-8：NIST 定義雲端運算五大特色、四種佈署模型、三種服務模式

3-4 雲端運算的佈署模型

　　根據美國國家標準和技術研究院對於雲端運算定義內容中也歸納出幾種雲端運算的佈署方式，在此稱為佈署模型，分別為公用雲(Public Cloud)、私有雲(Private Cloud)、社群雲(Community Cloud)以及混合雲(Hybrid Cloud)四種，如圖 3-9 所示，分別描述如下：

❖ 第一種佈署模型是「公有雲(Public Cloud)」

　　建構於網際網路上並提供給公眾的軟硬體服務，開放給客戶使用。公有並不是等同免費，有些需要付費但是費用不高。另外，把資料放在「公有雲」上，卻有著資料機密性與安全性的疑慮，因此，此服務並不表示用戶的資料可供任何人檢視。公用雲供應者通常會對使用者實施使用存取控制限制以保持資料的私密性。以公用雲作為佈署方案，使用者既可享用資源的彈性，又具備成本效益，但是服務商通常需做龐大的投資建設機房，例如 Amazon Web Services (AWS)、Google APP Engine (GAE)、Microsoft Windows Azure 以及 Salesforce.com Force Platform 等，根據上述的說明，只要是開放提供給一般大眾使用的雲端服務平台，皆可歸類為公有雲。

❖ 第二種佈署模型是「私有雲(Private Cloud)」

　　又稱為內部雲(Internal Cloud)，通常是由組織內部管理，將雲端設施與軟硬體資源建立在企業內，以提供企業內各部門或合作夥伴共享資源。私有雲具備許多公有雲環境的優點，例如資源彈性配置、提供可量測的服務，使用多少就付多少。而兩者差別在於私有雲服務中，資料與程式皆在組織內管理，不會受到網際網路頻寬、安全疑慮、法規限制等影響。一般來說，比起「公有雲」，「私有雲」能提供更好的控管、安全性與復原能力。私有雲缺點則是建置費用需由使用企業一力承擔，對很多企業來說，這樣的負擔遠超過傳統的系統建置。目

前有 IBM Blue Cloud、HP Cloudstart、Yahoo! Cloud Computing 等公司企業根據自己需求自我打造(DIY)的雲端運算環境，根據上述的說明，只要是沒有開放提供給大眾使用，而只有提供給公司內部員工使用的雲端服務平台，皆可歸類為私有雲。

❖ 第三種佈署模型是「社群雲(Community Cloud)」

指由幾個組織共有、共享資源池。較適合擁有特定目標而需共享資源的數個機構，例如共享研究資料需求的學術研究單位合資可建置社群雲。而社群雲是由眾多利益相類似的組織掌控及使用，包含特定安全要求、共同宗旨等，社群成員共同使用雲端資料及應用程式。

❖ 第四種佈署模型是「混合雲(Hybrid Cloud)」

將上述公有雲、私有雲(甚或社群雲)整合在一起的 IS/IT 服務方式稱為混合雲。這個模式中，使用者通常將非企業關鍵資訊外包，並在公用雲上處理，但同時掌控企業關鍵服務及資料，例如某用戶公司採用 Amazon S3 封存資料，但是仍自行維護目前作業資料，如圖 3-9 所示，Amazon S3 是簡易儲存服務(Simple Storage Service)，跟 Amazon EC2 相同是亞馬遜公司 AWS(Amazon Web Services)上的一項重要服務，透過簡易網路介面，提供使用者無儲存空間上限的服務，從單次 1KB 到 5GB 的檔案都可以儲存在 S3 上面，並可以透過 HTTP 或 BT 進行傳送檔案資料。簡言之，混合雲是跨越公有雲和私有雲(甚或社群雲)，由多個雲組成，可透過標準化的技術，在眾多不同類型的雲端之間進行資料與訊息交換的工作，例如某一雲端服務平台提供給公司內部採購員工使用進行下單採購，同時又只提供給允許往來的供應商上此雲端服務平台進行確認採購內容，這樣的雲端服務平台可以歸類為混合雲。

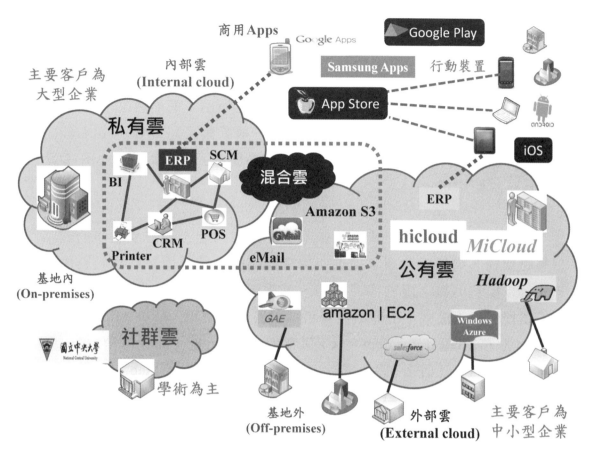

圖 3-9：各類型雲的功能

3-5 雲端運算的服務模式

根據美國國家標準和技術研究院對於雲端運算定義，目前主流的雲端服務主要有三種模式，軟體即服務(Software as a Service，簡稱 SaaS)、平台即服務(Platform as a Service，簡稱 PaaS)以及基礎設施即服務(Infrastructure as a Service，簡稱 IaaS)三種，分別描述如下：

❖ **第一種模式：「軟體即服務」**(Software as a Service，簡稱 SaaS)

　　SaaS 服務的基本觀念就是使用者想要使用的應用軟體是用租賃付費的，而不需要自己購買一套應用軟體才能使用，簡而言之，SaaS 的觀念就是指出租已經做好了軟體，例如一般軟體公司 SAP 可以有能力出租 ERP 軟體給有需求的使用者，又或者微軟公司可以出租 MS SQL Server 給使用者。

　　消費者使用應用程式，但並不掌控作業系統、硬體或運作的網路基礎架構。這種服務觀念提供使用者網路的軟體應用。軟體服務供應商，以租賃的概念提供客戶服務，客戶不需購買軟體。比較常見的模式是提供一組帳號、密碼給消費者或顧客登入使用，例如 Microsoft 的 CRM 服務、Salesforce.com 的 CRM 服務、Yahoo 的 Email 信箱、Google 所提供的 Gmail 信箱；另外還有 Google 所提供的地圖 Map 服務讓使用者快速地點查詢、YouTube 影音觀賞服務、Facebook 臉書社群網站等這些都是 SaaS 服務的概念，而國內趨勢科技的雲端防毒，也都是我們最常見到的 SaaS 雲端服務類型。SaaS 服務也提供使用者各類型商用系統應用，例如 ERP、CRM 等套裝軟體，透過網路以網站或行動裝置 APP 形式給使用者，目前流行的各式各樣 APP 亦在此處有很大的發展空間與商機，服務供應商可以依造使用需求撰寫雲端環境可以使用的程式，讓消費者使用各式可以上網的裝置與設備下載 APP 程式使用。

　　對於個人消費者而言，這些雲端軟體服務常是免費使用，但是可能有會附有相關的廣告。當然也有很多 APP 是要收費的，這些 APP 通常就不會附廣告，相對於其他兩種服務，想成為提供 SaaS 服務的廠商，其進入障礙較低。

❖ **第二種模式：「平台即服務」(Platform as a Service，簡稱 PaaS)**

PaaS 服務的基本觀念就是使用者想要開發某個應用軟體的工具也是用租賃的，而不需要自己購買一套開發某個應用軟體的工具才能開發某個軟體，簡而言之，PaaS 的觀念就是指出租工具讓您去開發軟體，例如某人很會撰寫 C#程式，此時就可以租一個 C#的環境，讓此人去開發軟體。

使用者可以在這些平台上開發並佈署自己的應用程式。也就是使用者可以用這些資源開發軟體以進行軟體及服務的營運而不需要自己擁有硬體與軟體的開發環境。在這平台上消費者可以掌控運作應用程式的環境，也就是擁有主機部分的掌控權，但是並不掌控主機的作業系統、硬體或運作的網路基礎架構。例如：Google APP Engine 目前是一個允許使用 Java 程式語言與 Python 程式語言的撰寫程式的平台，除了 Google 公司的 GAE 之外，Microsoft 公司的 Windows Azure、Yahoo 的 Application Platform 平台等都是 PaaS 雲端服務類型。

❖ **第三種模式：「基礎設施即服務」(Infrastructure as a Service，簡稱 IaaS)**

IaaS 服務的基本觀念就是要讓 SaaS 服務的某個應用軟體可以被執行用，基本上需要一些硬體、作業系統、網路等基礎設備，這些基礎設備也是用租賃的，當軟體開發完後，需要硬體環境才可以執行，IaaS 就是這樣一個做生意環境的概念，作業系統 Windows，網路採用 10M，用 Intel 的 CPU，記憶體 RAM 要求 8G 等。

此又可稱為「架構即服務」直接提供硬體的環境及網路頻寬給企業用戶或者一般消費者使用，這些用戶可以使用基礎運算的資源，包含 CPU 處理能力、RAM 或 Hard Disk 的儲存空間、網路元件或中介軟體，用戶能掌控作業系統(OS)、儲存空間、已佈署的應用程式及網路

元件，例如防火牆(Firewall)、負載平衡器(Loading Balancer)等，但並不掌控雲端內部真實的基礎架構，例如 Amazon AWS (EC2)、Rackspace、IBM 的 Blue Cloud、HP 的 Flexible Computing Services 等，而國內中華電信的 HiCloud 也是 IaaS 這一類型雲端服務，相對於其他兩種服務，想成為提供 IaaS 服務的廠商，其進入障礙較高。

有關 Software as a Service(SaaS)、Platform as a Service(PaaS)以及 Infrastructure as a Service(IaaS)的運作方式聽起來很抽象，不容易在短時間內完全理解，但是可以透過台北市政府所推行的的微笑單車 UBike 做一簡單比擬，來說明 SaaS、PaaS 以及 Iaas 的概念。

1. 台北市政府提供市民 UBike 腳踏車租用，所以台北市政府提供了 Bike as a Service 的服務，因為租借 UBike 腳踏車騎多久，使用者就付費多久，市民不需要買腳踏車仍然可以在台北市騎腳踏車，SaaS 就跟這一個概念類似，應用軟體 Software 只被使用者租賃，使用多久就付費多久，不需要去購買這個軟體。

2. 市民可以享受騎腳踏車的樂趣與方便而不需購買腳踏車。然而這些腳踏車並不是台北市政府的，台北市政府提供規劃後，由捷安特公司提供所有依規劃生產的腳踏車與維修服務，所以捷安特提供了 Platform As a Service 給台北市政府。

3. 如果捷安特生產與維修腳踏車的廠房是租賃的，那地主或房東就提供了 Infrastructure as a Service 給捷安特公司使用。

SaaS Ubike的租借單位台北市政府

PaaS Ubike的生產維修單位

IaaS 提供廠房租賃的地主

圖 3-10：台北市 UBike 腳踏車與 SaaS、PaaS 以及 Iaas 對照概念

　　除此之外，由於台灣的硬體製造能力很強，所以對於資料中心貨櫃(Data Center Container)的產品與服務滿令人期待，例如 Google 打算要在台灣設立 Global Data Center，這也是 IaaS 的部分，在 Google 的伺服器平台上，存放著全世界的資料，要把這些資料放置到美國本土以外的地方，讓美國政府特別關注；也因此，Google 來台案是由美國政府派專人確認所有細節安全無虞後，才作出最後決定。2007 年 7、8 月間，一份名為「海王星計畫」最後挑選彰化濱海工業區雀屏中選為 Google 設立 Data Center Container 的地點。

3-6　小結

　　除了 NIST 對於雲端運算所提出的五大特色、四種佈署模型以及三種服務模式之外，產業界對於雲端運算以及應用的動向依然很重要，如果依造「雲」與「端」兩字的意涵觀察，實務上「雲」所指的是各依式佈署方式所產生的服務，譬如，如亞馬遜公司的 AWS、谷歌公司的 GAE、開放軟體的 Hadoop、Salesforce 公司的 Salesforce.com、微軟公司的 Azure、IBM 公司的 Blue Cloud 等皆是在「雲」的範圍內。而「端」部分指的多樣化的終端設備與裝置，譬如智慧型行動裝置(Smart Mobile Device)、精簡型電腦(Thin Client)、智慧型終端機(Smart Terminal)等皆是在「端」的範圍內。

　　雲端運算的最終精神是，生活周遭的所有事物皆可以是服務(Everything as a Service)，即任何人在隨時(Anytime)、隨地(Anywhere)都可以使用任何裝置(Any Devices)，包含 PC 與 NB(過去)、Smart phone 與 Pad(目前)、穿戴式設備(目前與未來)，都可以輕易存取到任何服務(Any Services)，尤其是穿戴式設備目前各大 IS/IT 廠商已經正在醞釀發展中，像谷歌眼鏡(Google Glasses)、Apple 的手錶(iWatch)被提出所造成企業應用的回響都還在增加中，例如 SAP 已經成功結合商用 ERP 系統與穿戴式智慧型眼鏡應用在物流倉庫工作上，讓物流倉庫員工透過 ERP 系統上的挑貨、包裝、裝載等資訊透過無線網路傳到員工所穿戴的智慧型眼鏡鏡片上顯示給員工看，且有搭配掃描 Bar Code 的功能，甚至堆高機拋錨時可以線上即時跟維修中心技術人員聯絡解決機械問題，讓整個物流倉庫工作更加安全、更加有效率達成且不易出錯，詳細情形可以參考此網路影片內容，網址如下：
http://www.youtube.com/watch?v=9Wv9k_ssLcI。

　　雲端運算利用無所不在、便利、隨需求而能夠彈性應變的網路，共同分享廣大的運算資源，譬如網路、伺服器、儲存體、應用程式、

服務，達到用最少的管理工作以及與服務供應商之間最少的互動而能夠快速提供滿意的服務。從商業實務觀點來看，雲端運算並不是一項全新的技術，而是一項概念，是在談論商業模式(Business Model)的改變，軟體從過去的買斷變成現在採用租賃方式，例如 Office 2012 須用購買的，Google Docs 或 Office365 可以是用租的，硬體也從過去的買斷變成現在採用租賃方式，例如 Client 的 PC 與 Server 實際購買轉變成跟亞馬遜公司租賃硬體空間，Amazon EC2 / S3，軟體亦從單機使用變成行動方式使用，例如電子郵件收發從過去安裝 Outlook 軟體進展到只要有瀏覽器就可以使用的 Webmail 系統，以及更進階的 Mail Web APP，甚至 Mail Mobile APP，最後連硬體也從固定變成行動 Client 的 PC 與 Server 固定在某一個位置使用進展到移動方便的使用 NB、Pad 以及 Mobile Devices。

學習評量

1. （　） Gartner 特別將「雲端計算」區分為兩大方向描述，但是這兩部份最後都會被視為雲端運算的範圍，只是應該重新取名，分開來檢視與討論，分別為「雲端服務」(Cloud Computing Services)，另一為

   （A） 「雲端技術」(Cloud Computing Technologies)

   （B） 資料庫查詢技術

   （C） 結構化程式設計技術

   （D） 浮水印資訊安全加解密技術

2. （　） 國內為了迎頭趕上雲端運算的潮流，由中華電信、經濟部工研院、資策會及數十家相關廠商成立了一個「台灣雲端運算產業聯盟」機構，並宣稱訂定 2010 年為

   （A） 「台灣雲端運算產業元年」

   （B） 「台灣金融 IFRS 元年」

   （C） 「台灣 4G 產業元年」

   （D） 「中華 ERP 學會雲端教育產業元年」

3. （　） 根據美國國家標準和技術研究院對於雲端運算定義內容中也歸納出幾種雲端運算的佈署方式，在此稱為佈署模型，共有四種佈署方式，分別為公用雲(Public Cloud)、社群雲(Community Cloud)以及混合雲(Hybrid Cloud)以及

   （A） 醫療雲

   （B） 教育雲

   （C） 金融雲

   （D） 私有雲(Private Cloud)

4. （ 　 ） 根據美國國家標準和技術研究院對於雲端運算定義，目前主
流的雲端服務主要有三種模式，下列何者錯誤選項

（A） 軟體即服務(Software as a Service, SaaS)

（B） 平台即服務（Platform as a Service, PaaS）

（C） 基礎設施即服務（Infrastructure as a Service, IaaS）

（D） 程式即服務(Codes as a Service, CaaS)

5. （ 　 ） 目前雲端市場上商用 ERP 系統在使用上的變化有兩種趨勢
發展，一為公有雲方式建構商用雲端 ERP 系統，另一為

（A） 私有雲方式

（B） 加密方式

（C） 解密方式

（D） JIT 方式

6. （ 　 ） 下列哪一種類型企業適宜讓公司的商用 ERP 系統可以採用
公有雲租賃方式進行

（A） 大企業

（B） 中小企業

（C） 跨國大型企業

（D） 以上皆可

7. （ 　 ） 下列哪一種類型企業適宜讓公司的商用 ERP 系統可以採用
私有雲方式佈署進行

（A） 大企業

（B） 中小企業

（C） 跨國大型企業

（D） 以上皆可

8. (　　) 與公有雲的差別在於私有雲服務中，資料與程式皆在

(A) 組織外管理

(B) 外包託管

(C) 組織內管理

(D) 隨用即刪，無須管理

9. (　　) 一般來說，比起「公有雲」，「私有雲」

(A) 不能提供更好的控管能力

(B) 不能提供更好的安全性

(C) 能提供更好的控管、安全性與復原能力

(D) 不能提供更好的復原能力

10. (　　) 根據美國國家標準和技術研究院對於雲端運算定義，目前主流的雲端服務主要有三種模式，其中 SaaS 是指

(A) 平台即服務

(B) 軟體即服務

(C) 基礎設施即服務

(D) 資料即服務

題目	1	2	3	4	5	6	7	8	9	10
答案	A	A	D	D	A	B	A	C	C	B

商用雲端 APP 個案介紹

4 CHAPTER

今日的企業面對競爭者的威脅、提高市場占有率以及高漲的顧客期望等挑戰，這些壓力使得企業必須思考如何降低工作成本、如何減少庫存、如何縮短產出時間、如何快速回應顧客需求、如何提高顧客服務品質以及如何有效協調需求與資源供給，因此對企業內部而言，基本的工作必須能夠整合各部門擁有的資源，以及即時產生正確資訊，為了達成此目標，越來越多企業使用 ERP 系統，目前實務上有盛行的電子化企業(e-Business)意指希望公司能夠以極具效能的 e 化軟體系統帶領工作或使用者在公司日常營運活動能夠提供更具即時與整合的資訊，而這些 e 化軟體系統有企業資源規劃(ERP)、商業智慧(BI)、客戶關係管理(CRM)、供應鏈管理(SCM)等。而 ERP 是企業最重要的基礎，換言之，不管是大型企業或中、小型企業，每一家公司都會有 ERP 系統在運作維護日常交易性(Transaction)資料，或者即將有機會導入 ERP 系統。此外對於雲端運算環境的引進為公司所創造的好處也處處可見，最常應用的部分就是撰寫應用小程式，透過輕巧的行動裝置在雲端環境中進出 ERP 系統，而這些應用小程式就是目前最流行且最有效的 APP 程式或稱 APP 軟體。

以目前的趨勢來觀察，能夠有機會讓 APP 應用與 ERP 系統結合創造出下一波的企業價值，在此特別稱這樣的結合模式為「商用雲端APP」，並非時下所撰寫的一些討喜好玩的網路遊戲 APP，而「商用雲端 APP」是指能夠透過另一個管道(行動運算環境)讓 ERP 應用更具效能，更提升為行動商務的利器，讓公司在日常營運上更有彈性。

為了瞭解此一應用狀況，本章先以一個銷售與配銷(Sales and Distribution，簡稱 SD)流程說明 ERP 的情境，接著再舉一個實際範例說明 APP 與 ERP 結合的情形。

4-1 商用系統情境描述-銷售與配銷

不管公司規模大或小，對於 ERP 系統而言，銷售與配銷(SD)流程是最重要的開頭，如圖 4-1 所示，因為正確且即時的顧客與配銷資訊也是影響整合供應鏈成敗關鍵，而此流程包含銷售(Sales)、配銷(Distribution)、請款(Billing)三項作業的完成，各個作業所包含的細項活動內容分述如下：

圖 4-1：銷售與配銷(SD)流程

(1) 銷售(Sales)作業

銷售作業中基本上包含銷售支援(Sales Support)活動、詢價(Inquiry)與報價(Quotation)活動、顧客訂單處理活動，如圖 4-2 所示。

圖 4-2：銷售與配銷(SD)流程—銷售作業

(2) 配銷(Distribution)作業

配銷作業中基本上包含挑料或挑貨(Picking)活動、包裝(Packing)活動、運輸規劃(Transportation Planning)活動、裝載(Loading)活動、出貨(Shipping)活動、扣帳(Goods Issue)，如圖 4-3 所示。

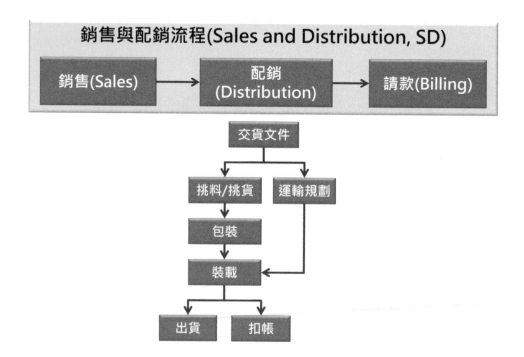

圖 4-3：銷售與配銷(SD)流程—配銷作業

(3) 請款(Billing)作業

請款作業中基本上包含顧客發票(Customer Invoice)處理活動、折讓單(Allowance)或借貸項通知單(Debit/Credit Memos)處理活動以及回扣(Rebate)結算處理活動，如圖 4-4 所示。

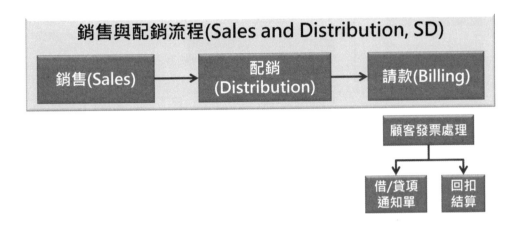

圖 4-4：銷售與配銷(SD)流程—請款作業

針對上述的說明，我們將整個銷售與配銷(SD)流程中各個作業的詳細活動與工作整合後放在同一張圖中來分析，如圖 4-5 所示，可以看出作業活動前後執行順序的關係，而從 ERP 的 SD 流程圖中也同時可以讓管理者思維將來如果環境轉換成雲端架構時，是否有哪些商用情境是可以改為或另外提供行動裝置 APP 的功能快速協助工作進行呢？而這些小巧思的提出其實是可以改善工作屬於行動辦公室人員的工作效率，進而讓公司績效繼續往前邁進。

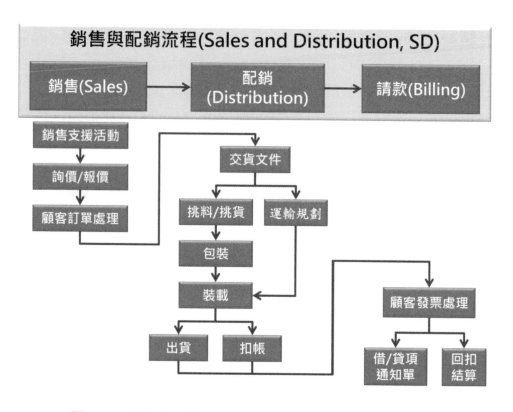

圖 4-5：銷售與配銷(SD)流程—銷售、配銷、請款作業

由於目前雲端市場上商用 ERP 系統在使用上的變化有兩種趨勢發展，如圖 3-7 所示，即可以改為公有雲與私有雲的方式建構商用雲端 ERP 系統，如果是中小企業，商用 ERP 系統可以採用公有雲租賃方式進行，此種商用 ERP 系統佈署方式是在中小企業的公司外部佈署，也需要導入過程與時間，好處是可以縮短導入時間，以及不需要額外擔心商用系統升級、系統平台斷電、或系統故障等問題，更不用額外支出 IT 人事費用以及相關 IT 基礎設備費用，如國內中華電信 HiCloud 與神通科技 MiCloud 兩大公有雲上已經架設商用 ERP 系統，給於規模不大的公司租賃使用。

另一方面，如果是大型企業本身則商用 ERP 系統採用私有雲方式佈署進行，而私有雲的佈署方式是公司組織內部方式進行，通常是由組織內部管理，將雲端商用 ERP 系統資源建立在公司防火牆之內，以

提供企業機構內各部門單位共享資源，只限企業員工和合作夥伴存取，而私有雲具備許多公有雲環境的優點，例如具有彈性、適合提供服務，而與公有雲的差別在於私有雲服務中，資料與程式皆在組織內管理，且與公有雲服務不同，不會受到網路頻寬、安全疑慮、法規限制影響，除了不受網路頻寬和潛在性的安全風險之外，一般來說，比起「公有雲」，「私有雲」能提供更好的控管、安全性與復原能力，如圖 4-6 所示，例如 X 公司企業根據自己需求自我打造(DIY)的私有雲端 ERP 運算環境可以讓各種不同品牌的商用 APP 程式進出取用，例如具有 Android 與 iOS 行動裝置作業系統的 APP 使用。

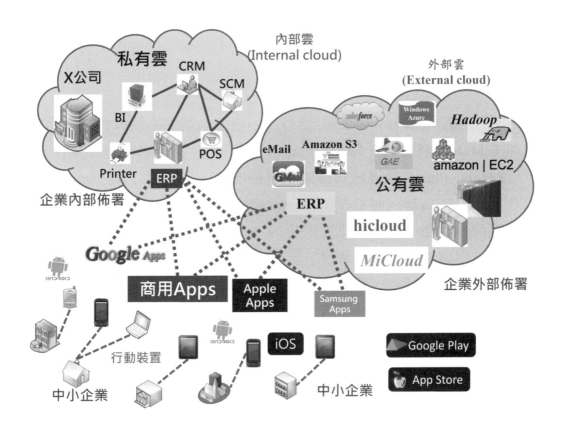

圖 4-6：商用雲端 APP 的應用環境

4-2 商用雲端 APP 的應用解析：Home Plus Vs. E-Mart

在韓國零售連鎖有三大超市是外國觀光客到韓國必逛的購物推薦之處，分別為 E-Mart(易買得超市)、Home Plus 以及 LOTTE-Mart(樂天超市)，彼此之間為了提升營業額而相互良性競爭，分別推出新創點子以 IS/IT 方式來打破消費市場目前排名的僵局，尤其是 E-Mart 與 Home Plus 之間的 IS/IT 發展故事已經成為全世界各企業與廠商爭相模仿之基礎典範，本小節會先以 Home Plus 為例說明該公司在商用雲端 APP 的應用與改變，接著再以 E-Mart 為例說明 E-Mart 為了捍衛零售業市場所發展出進創意新穎的商用雲端 APP 的應用來反擊，這兩個案例都會在以下說明。

另外，在韓國 Home Plus 當時是市場排名第二名的零售超市，緊跟在 E-Mart 之後追趕，Home Plus 在思考可否在不擴增實體門市情況下，讓 Home Plus 有機會成為韓國零售超市第一名，此案例即 Home Plus 超級市場，被稱為一個掛在牆壁上的超級市場，不僅是一個很有趣的成功案例，也是一個既簡單又成功的 Business Model，幕後功臣就是 APP 的使用與完整的後勤商用系統 ERP 結合，當然也是一個行動運算與行動商務的典範，因為 APP 使用上的整個設計是往行動裝置 Anytime、Anywhere 特性發展，而在韓國整體雲端環境的便利性更是功不可沒，以下先說明 Home Plus 整個的運作方式，接著針對上一節中商用 ERP 系統中銷售與配銷(SD)流程的情境與使用 APP 之後的差別分析。

 Home Plus 案例說明

2011 年 6 月，韓國 Home Plus 連鎖超市製作的地鐵站虛擬商店獲得第 58 屆坎城創意節媒體廣告獎大獎的殊榮，接下來介紹 Home Plus

的偉大創意過程，如何將人們無趣的等待時間(Waiting Time)轉變成購物時間(Shopping Time)。

以零售業而言，美國的沃爾瑪(Wal-Mart)和法國的家樂福(Carrefour)都在韓國流通業中多年經營下並不算很成功，而英國特易購(Tesco)卻能因為 Home Plus 地鐵站虛擬商店在韓國當地市場非常成功，這個案例的成功，可以說是 Home Plus 規劃設計者對於韓國的消費者生活習慣有很深的觀察與分析。

韓國人跟其他國家的民眾一樣，平常都忙於工作，通常是週末才有時間進行下一週所需的日常用品大採購，於是到了週末，超市經常是人滿為患，結帳隊伍大排長龍，就連停車場一位難求，停車附近路狀也常塞車，總而言之，無論如何就是必須這一個完成家用品採購任務，這也是每一個韓國民眾很害怕的事情，針對此項消費者很頭痛的問題，因此 Home Plus 團隊提出了一個全新的企劃方案來解決這些問題，創意團隊的創新想法就是『Let the store come to people! (將商店帶到人們身邊)』，直接讓商店來到消費者面前，意即假如消費者需要，任他選購，直接配送，這種購物方式的不同點就是利用智慧型手機購物，非常有趣且創新的構思想法，這就是現在 Home Plus 地鐵站虛擬商店的概念起源，如圖 4-7 所示。

既然要想辦法接近消費者，乾脆把賣場陳列架原封不動製作成廣告看板，然後將此廣告看板張貼到捷運候車區的牆壁上，讓消費者可以直接當場選購購物，但差別在於捷運候車區的廣告看板不是一個是實體商店而是一個是虛擬的產品照，消費者只要利用手機上的 APP 應用程式，拍下有興趣的商品上的 QR Code 二維條碼就能購物，當你買好商品，搭上捷運回家的同時，Home Plus 也打包好你所需的物品，準備送到你家裡。

而這個概念的實作可行的原因為何呢?據當時手機市場統計資料,韓國人約有五分之一的民眾擁有智慧型手機(Smart Phones),而在地鐵站或者醫院等處都是人潮很多的地方,且都可以免費無線上網,韓國人的網購能量是不能低估且是很可觀的,民眾可以在 24 小時不間斷上網,而且由於手機購物環境也愈來愈成熟,因此 Home Plus 企劃團隊將最受歡迎的商品製作為地鐵站戶外廣告,把商店開到消費者每天上班必經的地鐵站或者人潮多的地方,消費者只要拍下戶外廣告上想購賣的商品的 QR Code,就可直接訂購商品,同時還可以決定選擇送貨到家的時間點。在此案例中,QR Code 也是一個重要角色,QR Code 稱為快速響應矩陣碼,全名為 Quick Response Code,即可以快速回應的意思,因為 QR Code 的發明人希望可以讓其內容快速被解碼使用,QR Code 也是一種二維條碼資料。

結果,Home Plus 虛擬商店推出一個月,月銷售額增加 42%,手機 APP 應用程式被下載超過 10 萬次,以不到競爭者一半的商店數,達成與對手相同,甚至超前的營業業績,此後,韓國其他的海報廣告搭配手機購物商業模式也紛紛推出,同樣透過 QR Code,譬如服飾業利用消費者在欣賞戶外廣告模特兒穿著最新設計服飾的同時,立即以 QR Code 搭配手機購物,有時候甚至只要有留下產品的包裝,消費者就可以利用包裝上的 QR Code 條碼直接在手機拍照後購物進行購物,例如家庭主婦站在洗衣機前才發現洗衣粉用完,立刻拿出手機拍下包裝,馬上就可以採購叫貨,看到別人家裡有什麼新奇商品,拍下 QR Code 也能立刻買得到這一個新奇產品,Home Plus 如今也不需要急著快速擴展商店數量,因為只要有產品包裝存在的地方,就是商店,Home Plus 的應用可以說是由廣告進而創造出全新的消費習慣,也改變企業經營的方式,Home Plus 是一個在沒有店數擴增之環境下,營業額還可以急遽攀升的最佳典範。

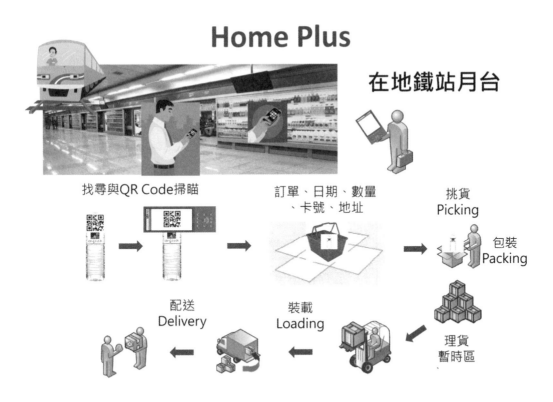

圖 4-7：Home Plus 地鐵站虛擬商店使用 APP 的應用環境

　　Home Plus 營運方式的詳細情形可以參考此網路影片內容，網址如下：https://www.youtube.com/watch?v=nJVoYsBym88。

　　由 Home Plus 個案介紹得知，顧客訂單處理活動由原先必須回到辦公室個人 PC 或 NB 處理，改由消費者使用個人行動裝置「智慧型手機」來發動處理，當然必須先到 APP Store 下載 Home Plus 可用的下單 APP 程式，有適合 Android 或者 iOS 行動作業系統的 APP 可下載，當消費者經過有 Home Plus 地鐵站虛擬商店時候，就像圖 4-7 中的消費者經過仔細挑選要的產品後，就拿起有 APP 程式的智慧型手機透過拍攝虛擬看板上產品的 QR Code 之後，就會經由雲端環境進入 Home Plus 公司的訂購畫面，勾選數量後確認後傳送出去，當消費者尚未回到家時，Home Plus 公司也已經處理好訂單準備出貨，這過程當中會有一個私有雲的商用 ERP 系統的服務被啟動，在承接消費者訂單資訊後，陸

續完成後續所有後勤工作，這些工作都還是原來商用 ERP 系統的銷售與配銷流程功能，如圖 4-8 所示。

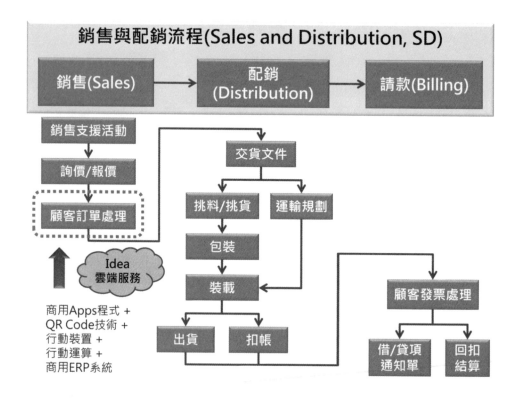

圖 4-8：Home Plus 使用 APP 與商用 ERP 結合觀念

 E-Mart 案例說明

E-Mart 於 1993 年在韓國首先開設的大型特價超市，在全國擁有約 141 個賣場，是具代表性的韓國特價超市，特別的是在外國旅客聚集的機場附近設有賣場，讓旅客可輕易地前往購物。經過 Home Plus 地鐵站虛擬商店推出成功的競爭壓力挑戰有不能輸的壓力來捍衛韓國超市第一的名聲，在 2012 年 2 月推出一個全新創意的活動稱為"陽光銷售(Sunny Sale)"。

E-Mart 創意團隊發現午餐時間因為用餐的關係因此超市的銷售量非常低,因此想要突破來提升銷售量,這一個計畫中使用絕妙點子"3D Shadow QR Code"技術,也就是我們過去使用日晷的概念,希望讓消費者在午餐時間擁有獨一無二的感受經驗。首先在首爾街頭安排一個像積木組成的 3D QR Code 立牌,但是這一個 3D QR Code 只有在每天的中午 12 點到下午 1 點之間才有效,因為在陽光照射下,所投射出陰影就會產生出真正完整有效的 QR Code,路過的民眾只要透過智慧型手機掃瞄此特殊的 QR Code 陰影,就可以獲得的商品優惠券,並可以在其 E-Mart 門市或其電子商務網站使用其折扣點數,以刺激民眾消費。目前 E-Mart 在韓國 36 個個地點都裝設此 3D QR Code。此項有趣的創新科技應用,一推出後,就吸引不少路過民眾目光,並帶動民眾掃描,於行銷期間 E-Mart 提供了 12000 張的優惠券,推出之後,午餐時間的銷售額果真提升了 25%,且會員人數較上個月成長 58%。讓陽光和陰影交錯而形成完整且有效的 QR Code 讓 E-Mart 以創新的商用雲端 APP 方式挽回一局,如圖 4-9 所示。

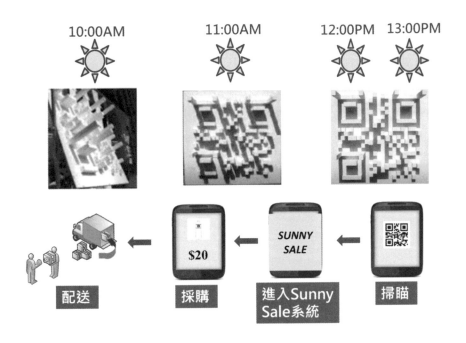

圖 4-9:E-Mart SUNNY SALE 活動使用 APP 的應用環境

E-Mart 的 SUNNY SALE 活動運作方式的詳細情形可以參考此網路影片內容，網址如下：https://www.youtube.com/watch?v=EvIJfUySmY0。

此種 3D QR Code 主要由 441 支柱(21*21)所組成，其中有 7 種不同的高度，必須在陽光照射下才能呈現出真正的 QR Code，完全仰賴陽光照射才能顯示出的 QR Code，雖受限於天氣及時間因素，但卻也為超市消費帶來新穎的話題，再藉由優惠折扣點數及智慧型手機的應用，刺激消費者購物意願，提供消費者非常新奇的購物體驗。

與 Home Plus 的概念相通，從 E-Mart 個案中得知，顧客訂單處理活動亦由原先必須回到辦公室個人 PC 或 NB 處理，改由消費者使用個人行動裝置「智慧型手機」來主動發動處理，每天中午 12 點到下午 1 點之間當消費者經過首爾街頭時看見一個像積木組成的 3D QR Code 立牌，就可以透過智慧型手機掃瞄此特殊的 QR Code 陰影，接著就獲得 E-Mart 提供的商品優惠券，持此電子優惠券可以在 E-Mart 門市或其電子商務網站使用其折扣點數消費，就像圖 4-9 中的消費者經過掃瞄、進入 SUNNY SALE 應用程式、仔細挑選要的產品後勾選數量後確認後傳送出去，訂單就由雲端環境進入 E-Mart 公司的商用 ERP 系統，當消費者尚未回到家時，E-Mart 公司也已經處理好訂單準備出貨，這過程當中會有一個私有雲的商用 ERP 系統的服務被啟動，在承接消費者訂單資訊後，陸續完成後續所有後勤工作，這些工作都還是原來商用 ERP 系統的銷售與配銷流程功能，如圖 4-10 所示。

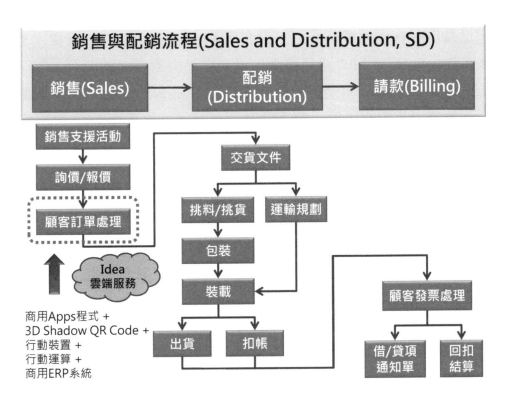

圖 4-10：E-Mart SUNNY SALE 使用 APP 與商用 ERP 結合觀念

4-3　其他商用雲端 APP 應用介紹

　　在國內大部分的企業都已經在使用商用 ERP 系統一段時間，且無線網路的成熟以及雲端環境的建構也有所成長，再加上國內對於使用智慧型行動裝置的情形相當普遍，因此發展商用雲端 APP 的應用會是一個相當大的需求，而商用雲端 APP 的使用情境究竟為何比較洽當呢？這個答案是會影響 APP 的設計方向與內容，目前這方面的應用需求正在起步發展中，並無一個理論規範指引，為此，於本節中另外舉一個案例說明，希望可以帶引出讀者設計的想法，雲端環境、APP、智慧型行動裝置、商用 ERP 系統等技術都不是太大問題，而 APP 的設計應用點的巧妙之處是需要經驗與學習，但是不要為了 APP 而去設計APP 來使用，想看看哪一段企業流程對於引進 APP 的應用是最有效率的，而比較簡單的確認或查詢可以交給智慧型行動裝置上的 APP 執

行，但是重要查核點還是必須回到商用 ERP 系統上執行，這樣才不會太多工作一次交由 APP 執行而產生更多交易與管理上的問題，以下先舉例三個案例說明，第一個案例為公司採購進貨的流程，第二個案例為公司銷售出貨流程，第三個案例為公司銷貨收款流程。

 案例一：公司採購進貨的流程

　　一般公司採購進貨的流程從需求提出開始，接著會進入請購作業、採購作業、收料作業、入庫作業、應付帳款以及最後付款作業，如圖 4-11 所示，收料作業傳統上是貨運貨到時，收料驗收員工帶著當日進貨收料紙本冊子跟貨運商當場確認驗收，這一段的工作可以改採用 APP 程式取代，驗收時候收料驗收員工帶著智慧型行動裝置進行驗收，先掃描做貨品裝箱上的條碼帶出採購單資料，接著確認品名、規格、數量等相關重要欄位資料是否一致，如果沒問題就在智慧型行動裝置上執行進貨驗收的功能，並且在供應商的出貨單上簽名去認已收貨，由於每天進貨次數頻率高，且進貨品項數量相當多，因此可能會在驗收過程有誤，例如因為數量太大而多點收產品，或者因為外觀包裝太像而點收錯誤，這些情形都有可能發生，所以不建議後續入庫作業也採用 APP 方式執行，倉庫入庫作業人員必須在確定點算後沒問題再回到商用 ERP 系統上進行入庫資料確認，整個進貨驗收才算完成，這樣的商用雲端 APP 設計理念上有兩個重點，其一會讓進貨驗收工作更有效率執行，且其二會讓後續庫存盤點作業執行時庫存量更精確。

　　觀念上，比較簡單的確認或查詢可以交給智慧型行動裝置上的 APP 執行，但是重要查核點還是必須回到商用 ERP 系統上執行，這樣才不會太多工作一次交由 APP 執行而發生更多基礎交易面以及管理面的問題，讓智慧型行動裝置、APP、雲端環境、商用 ERP 系統的結合方案幫助企業經營面因為效率而更有競爭性。

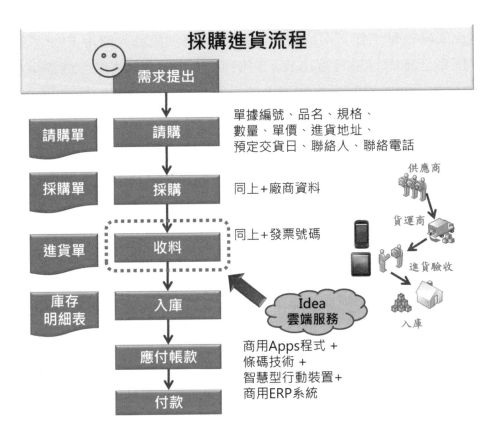

圖 4-11：公司的採購進貨流程

案例二：公司銷售出貨流程

　　一般公司銷售出貨的流程從客戶詢價提出開始，接著會進入報價作業、顧客下訂單作業、出貨作業、結帳作業以及最後收款作業，如圖 4-12 所示，詢價、報價以及顧客下訂單等作業因為無法提供可以即時可溝通的精準資訊，造成往來耗時相當沒有效率，一般來說平均一張訂單需要 3 到 4 通電話才可以完成輸入儲存到商用 ERP 系統中，第一通電話為業務下單的簡訊或電話，第二通與第三通電話為訂單權限確認，如果下單簡訊是來電不明，則需要 double 確認又多一通電話，非常沒有效率，改善方式改為智慧型行動裝置結合 APP 程式，則可以讓業務員到顧客端時透過手機會平板電腦端出公司產品或者經過掃描條碼資料幫忙顧客補貨，但是這些都僅止於初步的訂單底稿，後續必

須有一個檢核點工作，可以設計為公司內勤人員進入商用 ERP 系統後才可以完全確認訂單等待出貨，同時間也可以讓業務從手機會平板電腦中 APP 程式查看訂單處狀況，讓業務知道已經確認訂單或尚未確認訂單。

　　經過揀貨、包裝、裝載完成後，產品就可以透過貨運商配送給顧客，此段時間中業務人員也可以再從另外設計的 APP 程式中讀取顧客訂單是否已經到物流配送段程序，並告知顧客訂單處理狀況，維繫好與顧客之間的關係，此作法為一個相當便捷的方式來改善過去耗時且無效率工作內容，再一次讓智慧型行動裝置、APP、雲端環境、商用 ERP 系統的結合方案幫助企業經營面因為效率而更有競爭性。

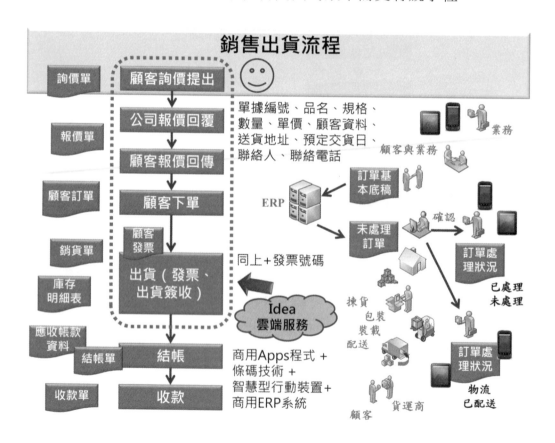

圖 4-12：公司的銷售出貨流程

案例三：公司銷貨收款流程

　　一般公司商品銷貨流程會在商品出貨後進行結帳動作，然後產生結帳單以及應收帳款相關資料以備後續收款活動進行，如圖 4-13 所示，而大部分公司會要求業務人員在請款到期日前到客戶端收款，所以業務人員被設定為公司銷貨收款流程的主要角色，因為業務人員為最靠近銷售市場的第一線人員，相對其他單位人員而言業務人員比較了解客戶的整體行為與收款細節，進行收款活動時也會比較順利，傳統上為了計算業務人員業績與獎金，公司原則上一個月列印一次請款對帳單清冊讓業務人員方便帶著去見客戶時作為收款的依據，但如此作法會有收款時間上的落差，因為會隨著客戶是否已經完全或部分付款、付款時間點而影響尚未付款項目明細，因此較新的委託業務去請款的資訊會在下一次請款對帳單中才會出現，例如客戶某些款項已經過了到期日，但是尚未付款，這些資訊就只會在下一個月請款對帳單列印後才看得見，這就造成時間上的落差，此外因為收款狀況也會影響計算業績獎金金額，所以通常會一個月計算後並列印請款對帳單給業務人員使用，但是帶著對帳單清冊總是不太方便且不法掌握客以付款的即時性資料，這會造成業務人員經常必須往來客戶處收款，耗時相當沒有效率，且因為無法提供可以即時可溝通客戶應付、已付、未付款項的精準資訊，改善方式改為智慧型行動裝置結合 APP 程式，則可以讓業務員到顧客端時透過手機會平板電腦顯示出目前客戶應付、已付、未付款項的精準資訊，以及付款條件為何的內容，確認無誤後勾選這一次收款明細狀況，甚至可以請客戶在手機上簽名存檔，但是這些都僅止於初步的收款底稿，後續必須有一個檢核點工作，等業務回到公司後必須進入商用 ERP 系統將今天收收款明細最後確認存檔，最重要是列印收款清單，連同部分款項一起繳回給出納人員，至此完成銷貨收款流程。

　　此作法為一個相當便捷的方式來改善過去耗時且無效率工作內容，且收款現場資訊清楚可以維繫好與顧客之間的關係，再一次讓智慧型行動裝置、APP、雲端環境、商用 ERP 系統的結合方案幫助企業經營面因為效率而更有競爭性。

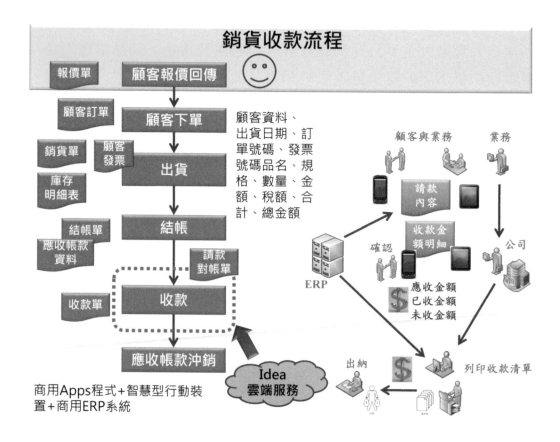

圖 4-13：公司的銷售收款流程

　　一如前面三個案例 APP 應用說明，公司採購進貨的流程、銷售出貨流程、銷貨收款流程，觀念上，比較簡單的確認或查詢可以交給智慧型行動裝置上的 APP 執行，但是重要查核點還是必須回到商用 ERP 系統上執行，這樣才不會太多工作一次交由 APP 執行而發生更多基礎交易面以及管理面的問題，諸如此類有效改善作業的 APP 設計思考點也還可以應用在公司盤點作業流程以及公司銷售人員拜訪顧客作業流程等方面，主要目的就是讓智慧型行動裝置、APP 程式、雲端環境、

商用 ERP 系統的結合方案進一步來幫助企業經營面因為效率改善而更有競爭性。

針對上面所提到的三個案例應用內容描述，底下設計兩個練習題目，就針對盤點作業與客訪作業兩個流程進行案例討論，找出適當的 APP 程式設計的應用思考點，以分組的方式進行討論，並在討論過程中可以複製上述案例內容依樣畫葫蘆，繪製出流程圖來說明，每一個流程至少要有兩個 APP 程式設計的應用思考點，並請提出說明為什麼這麼做、以及可以改善基礎交易或者管理上的什麼問題。

案例練習一：公司盤點作業流程

(一)　XXXX 作業流程圖

(二)　過去工作方式說明

(三)　新方法 APP 設計思考點說明

(四)　APP 設計思考點的原因為何？

(五)　可改善的面向為何？

案例練習二：公司銷售人員拜訪顧客作業流程

(一) YYYYY 作業流程圖

(二) 過去工作方式說明

(三) 新方法 APP 設計思考點說明

(四) APP 設計思考點的原因為何？

(五) 可改善的面向為何？

學習評量

1. （　） 在 Home Plus 地鐵站虛擬商店的概念中最重要的創意設計也是最受消費者歡迎的是
   （A） 使用 QR Code 快速掃描購物
   （B） 使用資料庫存資料
   （C） 使用 GPS 技術定位
   （D） 使用 RSA 加密技術

2. （　） 雲端環境、App、智慧型行動裝置、商用 ERP 系統等技術都不是太大問題，而 App 的設計應用點的巧妙之處是需要經驗與學習，但是不要為了 App 而去設計 App 來使用，想看看哪一段企業流程對於引進 App 的應用是最有效率的，設計的重點是比較簡單的確認或查詢可以交給智慧型行動裝置上的 App 執行，但是重要查核點還是必須
   （A） 回到商用 ERP 系統上執行
   （B） 回到商用資料庫系統上執行
   （C） 使用加密技術執行
   （D） 使用人工方式執行

3. （　） 以目前的趨勢來觀察，能夠有機會讓 App 應用與 ERP 系統結合創造出下一波的企業價值，在此特別稱這樣的結合模式為
   （A） 商用雲端 Trigger
   （B） 商用雲端 App
   （C） 商用雲端 4GL
   （D） 商用雲端 Store Procedure

4. （　） 不管公司規模大或小，對於 ERP 系統而言，銷售與配銷(SD)
流程是最重要的開頭，而此流程包含銷售(Sales)、配銷
(Distribution)以及下列哪一項作業

（Ａ） 發票作業

（Ｂ） 銀行開戶作業

（Ｃ） 請款(Billing)作業

（Ｄ） 付款作業

5. （　） 銷售作業中基本上包含銷售支援(Sales Support)活動、詢價
(Inquiry)與報價(Quotation)活動以及

（Ａ） 顧客訂單處理活動

（Ｂ） 出貨活動

（Ｃ） 銀行開戶作業

（Ｄ） 退貨活動

6. （　） 公司中挑料或挑貨(Picking)活動是在哪一作業中進行

（Ａ） 銷售(Sales)作業

（Ｂ） 配銷(Distribution)作業

（Ｃ） 請款(Billing)作業

（Ｄ） 倉儲作業

7. （　） 公司中出貨(Shipping)與扣帳(Goods Issue)活動是在哪一作業
中進行

（Ａ） 倉儲作業

（Ｂ） 請款(Billing)作業

（Ｃ） 銷售(Sales)作業

（Ｄ） 配銷(Distribution)作業

8. （ ） 公司中顧客發票(Customer Invoice)處理活動是在哪一作業中
進行

（A） 請款(Billing)作業

（B） 銷售(Sales)作業

（C） 配銷(Distribution)作業

（D） 倉儲作業

9. （ ） 公司中借貸項通知單(Debit/Credit Memos)處理活動是在哪一
作業中進行

（A） 倉儲作業

（B） 請款(Billing)作業

（C） 銷售(Sales)作業

（D） 配銷(Distribution)作業

10.（ ） Home Plus：被稱為一個掛在牆壁上的超級市場，其廣受歡迎
的重要技術是

（A） 結合 QR Code 二維條碼就能購物

（B） 結合 RFID 技術就能購物

（C） 結合一維條碼就能購物

（D） 結合摩斯密碼就能購物

題目	1	2	3	4	5	6	7	8	9	10
答案	A	A	B	C	A	B	D	A	B	A

行動雲端商務的未來議題

5 CHAPTER

這個世代人類所處的環境之變化只能以"快"這一個字來形容，智慧型行動裝置的高普及率、雲端環境建置與使用的快速成長、商務 ERP 系統功能的迅速進化與延伸等因素的影響，讓商用雲端 APP 應用不僅止於基層的行動工作者的一般事務性任務，譬如第四章中所舉例的三個案例內容，採購進貨流程、銷售出貨流程以及銷售收款流程，這三個企業流程就是在說明商用雲端 APP 應用如何協助基層的行動工作者的一般事務性任務的最佳寫照。

除此之外，這一波商用雲端 APP 應用的趨勢甚至更進一步朝向高階管理的需求發展邁進，讓企業主與管理決策者也能在千里之外手持智慧型行動裝置(如手機或平板電腦)在日益成熟的雲端環境中快速掌握重要情報，進而運籌帷幄而下達正確的指令給執行者，例如藥妝商品通路商老闆在前往峇里島度假路途中正在思考今年哪些商品應該要鋪幾次貨才能幫公司獲得較多營業收入，比起一般行動事務性執行者，出國頻率高的企業主很顯然更需要行動設備提供情報協助管理決策。

同時在此情境當下資料產生的速度也以人類過去經驗難以想像的方式迅速累積儲存，這會發生兩個新的問題，其一為儲存資料硬體的擴充規劃是否完善？另一問題就是能夠掌握且有能力分析這些超級大量資料的人才是否容易找尋到?目前這兩個問題答案都尚未很明朗，本章以兩個小節來說明這些問題目前狀況，第一節為巨量資料(Big Data)的概念，第二節為行動雲端商務的應用趨勢。

5-1　巨量資料(Big Data)的概念

自從電腦被發明以來，通常電腦記憶體的最小儲存單位稱為位元(Bit)，但只能表達 2 種狀況，分別為 0 或 1，例如可以表達性別(男或女)，或者表達者婚姻狀況(未婚或已婚)，而人類世界情境變化是非常多，單一 Bit 是無法完整表示，例如職業別、學歷狀況等，因此需要組

合更多 Bits 才夠表示，另一個常見的單位為位元組(Byte)，Byte 為記憶體儲存單位中最常被使用，1 個 Byte 是由 8 個 Bits 所組成，以遞增方式列出目前地球上描述電腦儲存資料的各種單位依序為 Bit、Byte、KB、MB、GB、TB、PB、EB、ZB、YB，按照人類能理解的計算方法是逢十進一的觀念(即 9 + 1 = 10)，而電腦則是逢 1,024（等於 2 的十次方，2^{10}）就會進一的觀念來計算，究竟這些單位與實際生活周遭的產生資料量大小是如何衡量呢?整理如表 5-1 內容所示。

表 5-1 電腦儲存資料的各種單位

單位名稱	縮寫	大小	以 2^N 表示	說明
Bit	b	0 或 1		中文名稱為【位元】，是電腦記憶體的最小儲存單位，但是只能產生兩種變化，0 與 1
Byte	B	8 Bits		中文名稱為【位元組】，是電腦記憶體儲存單位中最常被使用的儲存單位，一個位元組可以產生 256 種變化，譬如用來表達一個英文字母 "A"、"a" 或符號 "#"，也可以用來表達 0~255 的數值，而一個中文字 "雲" 需要兩個位元組來表示
Kilobyte	KB	1024 bytes	2^{10}	中文名稱為【千位元組】，輸入一頁的文字(Text)大約 2KB
Megabyte	MB	1024 KB bytes	2^{20}	中文名稱為【百萬位元組】，一部完整的莎士比亞書中文字內容大約 5MB；典型的流行歌曲一曲大約 4MB
Gigabyte	GB	1024 MB bytes	2^{30}	中文名稱為【十億位元組】，一部 2 小時的影片可壓縮成 1~2GB

單位名稱	縮寫	大小	以 2^N 表示	說明
Terabyte	TB	1024 GB bytes	2^{40}	中文名稱為【兆位元組】，2010年美國國會圖書館的書籍大約15TB
Petabyte	PB	1024 TB bytes	2^{50}	中文名稱為【千兆位元組】，2010 年在美國一年中透過郵政服務的往來信件約為 5PB；Google 每小時處理資料大約為 1PB
Exabyte	EB	1024 PB bytes	2^{60}	在 2010 年時候，大約等於一百億份的經濟學人雜誌(The Economist)的內容
Zettabyte	ZB	1024 EB bytes	2^{70}	2010 年全世界一年中所產生的資料量大約為 1.2ZB
Yottabyte	YB	1024 ZB bytes	2^{80}	資料量大到無法比擬

資料來源：英國經濟學人雜誌(The Economist) 2010 年

單位間轉換情形條列如下：

1Byte　= 8 Bits

1 KB　= 1,024 Bytes

1 MB　= 1,024 KB　= 1,048,576 Bytes

1 GB　= 1,024 MB　= 1,073,741,824 Bytes

1 TB　= 1,024 GB　= 1,099,511,627,776 Bytes

1 PB　= 1,024 TB　=1,125,899,906,842,624 Bytes

1 EB　= 1,024 PB　= 1,152,921,504,606,846,976 Bytes

1 ZB　= 1,024 EB　= 1,180,591,620,717,411,303,424 Bytes

1 YB　= 1,024 ZB　= 1,208,925,819,614,629,174,706,176 Bytes

　　全世界資料與資訊的快速成長是一份利多消息，但同時也是一個非常頭疼問題，英國經濟學人雜誌(The Economist)曾經在 2010 年 2 月刊登一份調查報告與評論，文章標題為「Data, data everywhere」，其意在說明一件大事情，我們生活的這個世界資料是無所不在，隨時(Anytime)、隨地(Anywhere)都在產生資料，報告中也指出因為資訊技術應用的高普及率，所產生的數位資料增加量是每 5 年 10 倍的速度在成長，且預測到了 2013 年每年在 Internet 上的資料流量將高達 667 EB(Exabytes)，根據表 5-1 所示，Exabytes 是一個非常巨大的單位，但是為何在如此短的時間內地球上有如此多的資料與資訊產生呢?舉五個實際生活周遭事情來說明原因：

 舉例一：沃爾瑪(Wal-Mart)

　　為知名美國零售業龍頭沃爾瑪(Wal-Mart)公司每小時要處理 100 多萬筆顧客的交易資料，其資料量大小等同將 2.5 Petabytes 輸入到資料庫系統中儲存，相當於美國國會圖書館(Library of Congress)藏書數量的 167 倍，目前美國國會圖書館藏書量已經超過一億五千萬冊。

 舉例二：臉書(Facebook)

　　臉書(Facebook)為社群網路服務網站，除了可以貼入文字訊息資料之外，使用者還可以上傳圖片、影片、聲音等媒體等訊息以以及傳送 Microsoft Word、Excel 等檔案給其他使用者，甚至透過地圖功能分享使用者的所在位置(俗稱在 Facebook 打卡)，此外，Facebook 意外成為全世界儲存最多照片的網站，在 2010 年時，已經儲存了大約 400 億張照片。而到了 2012 年，Facebook 每年可以產生 180PB 的資料，並以每 24 小時 0.5PB 的速度增加中，且每天上傳 3 億 5 千萬張圖片。

舉例三：YouTube

YouTube 是一個影片分享網站，讓使用者上傳、觀看影片或短片以及分享自我創作的影片。公司於 2005 年 2 月 15 日註冊設立於美國，由華裔美國人陳士駿等人創立，網站的口號為「Broadcast Yourself」，就是希望使用者透過此網路空間平台能夠展現自己的意思，根據官方統計資料每個月都有超過 10 億名不重複的使用者造訪 YouTube 網站，全世界的使用者每個月在 YouTube 上觀看影片的總時數超過 60 億小時，每分鐘上傳到 YouTube 的影片總長度高達 100 個小時。

 舉例四：谷歌(Google)

谷歌(Google)公司是以提供快速回應網路搜尋功能而聞名全球，其所提供的搜尋引擎能夠在網路大海中快速且正確回應使用者的查詢要求，這也是 Google 公司經營模式的優勢，即透過瞭解龐大數量資料而提供服務獲取利益。據 Google 公司官方所提供數據，大約一個月有 900 億筆之多的網路搜尋需求，等同每一個月處理將近 600PB(Petabyte)之多的資料量，而其分析對象，可以說是谷歌各種服務的用戶所產生之所有數據資料。

 舉例五：推特(Twitter)

推特(Twitter)是一個社群網路公司並提供微網誌(Micro Blog)服務，可以讓使用者發文，但內容不能超過 140 個字元的訊息(包含標點符號)，這些訊息被稱為推文(Tweet)。Twitter 服務是由傑克多西(Jack Dorsey)在 2006 年創辦，截至 2011 年 10 月，官方統計資料擁有一億名用戶，平均每一天可以產生 2 億 5000 萬則的推文，每一則 140 字推文的資料量約為 200Bytes，這些推文一天的流量便相當於 48GB，換言之整個推特社群網路環境，每一天則產生出多達 8TB 的資料量，目前資料量仍在不斷的成長中。

　　以上所述這五個實際例子可以說明這個世界上資料量之多真的難以想像，而且不曾停止還在快速成長中，比較起過去缺乏資料的年代，如今大量且豐富的資料可以讓我們執行許多從前做不到的事情，譬如可以分析發現更精準的整體經濟或股市趨勢的行為樣式(Patterns)、找出適當商品主動推薦(Recommendation)給消費者、可以防治疾病與降低傳染病擴散發生，例如 2002 年由中國廣東省傳出的 SARS 病毒以及2014 年西非爆發的伊波拉(EBOLA)病毒、可以提早發出警訊減低自然災害發生的損失、可以找出治安死角防止犯罪、預防詐欺事件、預防公司惡意倒閉、機場快速影像判讀而打擊犯罪等等，其價值性相當高，但是短時間內所產生龐大的資料量已經遠遠超過可用儲存空間設備所能承受的上限，此為一個相當困擾的議題，如果企業尚未提前做好擴充儲存硬體的準備而失控，將很快被這些龐大數量的資料給淹沒，如圖5-1 所示，經濟學人雜誌(The Economist)預估到 2011 年我們的世界可用儲存體大小遠遠落後產生資訊量，這是一個很大的警訊。

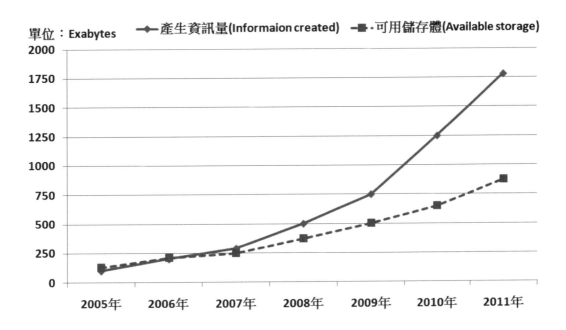

圖 5-1：產生資料量 Vs. 可用儲存體
資料來源：英國經濟學人雜誌(The Economist) 2010

除了以上描述商務交易、社群網站資料量的快速增長之外，人類使用網路的流量也是資料成長觀察的重點，在一份思科(Cisco)公司所發佈的 2012~2017 年全球雲端指數(Global Cloud Index, GCI)預測報告中指出，年度全球數據中心 IP 流量將在 2017 年底達到 7.7 ZB(Zettabytes)，根據表 5-1 所示，這 Zettabytes 更是過去不曾提及過的單位，是一個很難用三言兩語就可以描述清楚的資料量單位，是屬於天文數字的大小。

根據上述具有代表性的幾家公司資料量快速累積說明可得知目前全世界已經累積非常龐大的資料量，幾乎每一天在地球上都有相當可觀的資料量產生，此現象被稱為巨量資料(Big Data)時代，亦有人稱為海量資料時代，我們歸納出幾個重要資料來源來說明巨量資料的特性，說明如下：

1. 全球零售商的資料庫(Retailer Database)中每日累積的龐大銷售資料，例如由 POS 系統收集來的產品銷售明細資料。

2. 全球運籌(Logistics)營運公司所累積的大量交易資料，例如公司財務(Financial)會計資料。

3. 關於國民個人健康資料(Health Data)，例如健康檢查資料或者醫療醫診資料。

4. 每日在社群媒體(Social Media)網站所產生的發表言論資料，例如 Twitter、Facebook 以及 YouTube 等網站產生的資料。

5. 機場海關的視覺識別(Vision Recognition)資料，例如行李箱托運識別資料、乘客登機前檢查識別資料、機場入關旅客溫測感應資料。

6. 物聯網(Internet of Things)中因為無線感應所產生的資料，例如賣場中每一個商品上無線射頻識別(Radio Frequency Identification, RFID)辨識感應資料。

7. 還有一些因為新的科學研究產生的資料，例如生物科學 DNA 辨識資料。

由上述巨量資料產生的可能來源，我們可以將巨量資料之意義歸納為三個重要特色，分別為數量(Volume)、速度(Velocity)以及多樣化(Variety)，稱為 3V，即：

1. 資料產生的數量(Volume)很大

2. 產生的速度(Velocity)很快

3. 資料格式與來源多樣化(Variety)非常豐富

此 3V 特色以及巨量資料產生來源的詳細情形可以參考此網路影片內容，網址如下：https://www.youtube.com/watch?v=7D1CQ_LOizA。

另外，相較於傳統資料(Traditional data)與巨量資料之差別，前者是以文件(Documents)資料、財務(Finances)資料、存貨記錄(Stock Records)資料以及個人檔案資料(Personnel Files)居多，而巨量資料主要以照片資料(Photographs)、聲音與影像資料(Audio & Video)、3D 模型資料(3D models)、模擬資料(Simulations)、以及地理位置資料(Location Data)居多。

5-2　行動雲端商務的應用趨勢

近幾年在歐美企業中，商用雲端支援管理決策層次的應用也時有所聞，甚至有許多實作方案被軟體廠商提出，根據 SAP 公司最近的一份調查報告，2015 年使用 Mobile 協助進行決策的人數將達到 1.3 億，約佔全球的 37.2%，換言之，利用智慧型行動裝置搭配 APP 進行管理分析將成為企業未來應用的方向，究其原因有三項不可抵擋的趨勢：

1. 不外乎愈來愈越多人透過行動裝置連上網路，智慧型行動裝置使用數量的成長也相當驚人；

2. 另一原因為公司的決策需求增加，企業中透過智慧型手機使用 APP 的年成長率約為 43%；

3. 最後一個原因為資料快速成長，資料每 16 個月以兩倍速度在成長中。

　　因此商用雲端 APP 在決策管理層次的應用也是一項刻不容緩的重要議題，其中目前以結合支援管理決策報表的即時分析功能為主要的發展方向，而資料的主要提供來源就是目前各企業所使用的商業智慧 (Business Intelligence, BI)系統中的資料，讓智慧型行動裝置與 APP 結合的應用更進一步來幫助企業主快速取得營運上具有競爭優勢的資訊。以下舉一個藥妝商品通路商例子說明：

　　一位藥妝商品通路商老闆在前往峇里島度假的路途上思考今年某些商品應該要鋪幾次貨才會獲得較多營業收入，這一個看來類似存貨周轉率(Inventory Turnover)概念的決策參考數據，卻是老闆心目中一直非常想要的資訊，而通常存貨周轉率是在今年會計年度結束後才能完全取得，已經是事後的情報，但是要滿足老闆心中的疑惑"商品能鋪幾次?"的需求，這樣的資訊是事情發生進行中隨時要知道的情報，這兩者是不相同的意義，所以不是傳統財務指標可以即刻滿足，通常必須事先重新檢視"商品鋪貨"對老闆的意義為何?再從商用 ERP 系統中擷取出相關欄位組合成一個商品鋪貨決策的計算公式，並且將公式定義到 BI 系統中，隨著業務人員實際收款狀況輸入到 ERP 系統後，接著會定期整批將上述公式中欄位資料從 ERP 系統中的轉載入 BI 系統中提供老闆隨時查詢，而儲存在 BI 系統中的資料因可以事先加總，所以查詢速度會快很多，最後 BI 系統上的決策資訊會透過 APP 快速呈現到輕薄的智慧型手機與平板電腦上，這方面的應用國外已經很成熟，以此方式支援出國頻率高的企業主協助管理決策。

　　目前國際知名 e 化軟體廠商在此方面的應用相當多，就以 SAP 公司的來說，企業主只需要安裝 APP 在他的智慧型行動裝置上就能夠連線到公司的 BI 平台(例如 SAP Mobile BI)，隨時監控企業的營運狀況，除此之外，也提供互動式的功能讓企業主依據需求找出重要 KPI 或者模擬當下狀況提升整體決策，甚至可以將公司 BI 上系統的報表直接使用 APP 在智慧型行動裝置上就可以看到這些報表內容，掌握營運狀況，最常見的方式為使用不同顏色的三角箭頭方式針對所選對象看出績效的**趨勢**是往上提升或往下異常，如圖 5-2 所示，可協助企業主監控供應商績效整體供貨表現提供採購活動時的判斷。

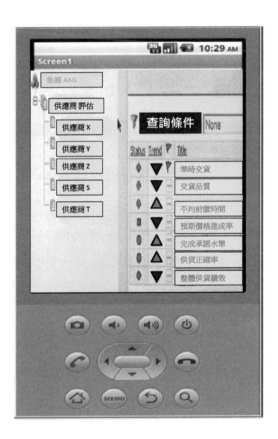

圖 5-2：以顏色三角箭頭方式呈現提升或往下異常

為了讓企業主在視覺上有畫面與空間的感覺，通常還會搭配地圖以及統計曲線加強視覺呈現，在此舉例四種 APP 結合 BI 平台監控企業的營運狀況的方式說明如下：

1. 企業主可以透過智慧型行動裝置上地圖中有顏色的箭頭圖示來掌控全世界銷售點的銷售狀況之是否為提升或縮減，如圖 5-3 所示。

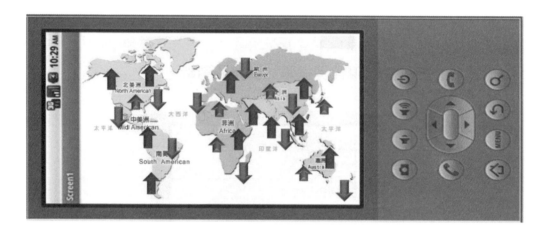

圖 5-3：以顏色的箭頭來掌控銷售狀況之提升或縮減

2. 企業主可以透過智慧型行動裝置上的趨勢圖呈現來了解各個零售分店的銷售狀況，警示提當前企業營運狀況，如圖 5-4 所示。

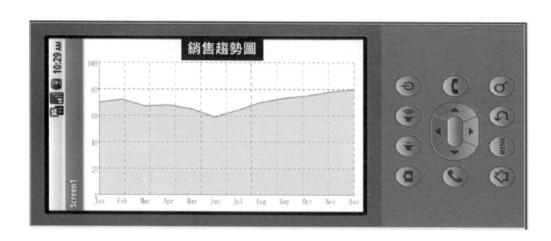

圖 5-4：銷售狀況趨勢圖

3. 企業主可以透過智慧型行動裝置上的重要 KPI 警示值或是警示燈來協助管理，例如利用銀行的信用風險 KPI 值的，來管理顧客公司的信用風險，決定是否繼續貸款授信(Credit)，如圖 5-5 所示。

交易時間	客戶編號	信用額度		購買金額	尚未付款餘額	
2014/02/17	C01	123	↑	45	123	
2014/03/05	C02	234	↑	120	34	
2014/04/01	C03	200	↑	80	19	
2014/07/29	C04	156	↑	100	7	
2014/09/10	C05	201	↑	145	5	
2014/10/10	C06	178	↑	36	200	
2014/11/26	C07	121	↑	55	0	
2014/11/29	C08	125	↑	47	13	

圖 5-5：信用風險 KPI 警示燈

4. 企業主可以透過智慧型行動裝置上的儀表板(Dashboards)模擬企業當前營運狀況協助改善公司定價決策，如圖 5-6 所示為一種稱為混搭式(Mashup)儀表板，例如可以透過最近幾期資料分析原物料價格趨勢，並根據原物料價格漲或跌模擬產品成本變化，進行產品本模擬分析，以及決定出適當的產品價格。

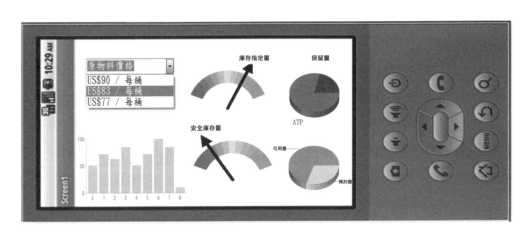

圖 5-6：混搭式儀表板模擬企業當前營運狀況

綜合上述，面對巨量資料時代來臨已成不可避免的趨勢，目前的挑戰是缺乏巨量資料分析技巧者，稱為資料科學家(Data Scientists)，因此要如何處理以及分析運用巨量資料，成為每一個企業非常重大的一個任務，而且是沒有一家公司可以避而不談，根據英國經濟學人雜誌的調查報告中指出，目前全球在培養有能力分析巨量資料的人力資源的速度上遠遠落後巨量資料量本身的成長的速度，而這部分也是現代教育環境單位所需要面對的課題，國內目前各大學院校也在大學高年級與研究所陸續開設商業智慧(BI)、資料探勘或稱資料挖礦(Data Mining)、自動化商業資料擷取等相關課程來培養這方面的專業人才。

另外還有一個重要議題，即要處理此龐大的資料所運用的軟硬體設備最後可能還須回歸到雲端上的佈署，因為資料會不斷的快速成長，因此如果單一公司要專門採購所有軟硬體就須不斷採購相關設備，而如果使用雲端租賃的軟體與設備相對就不必一直投資。

再次強調，除了軟硬體設備的租賃外，更重要是巨量資料分析人才的培養與獲得，而目前既能有產業知識又能適當使用分析軟體工具的人才數量很少，很遺憾的這方面的企業需求並沒有辦法使用便宜的租賃方式取得。因此如何培養或獲得適當的人才來使用這些軟硬體會是未來幾年各企業的當務之急。

面對網際網路時代巨量資料(Big Data)分析趨勢而不落人後，在國內工業技術研究院(ITRI)於 2013 年 5 月成立「巨量資訊科技中心」，為國內第一個以巨量資料處理、分析為主軸的研發中心，其主要任務為推動巨量資料技術與產業競爭能量提升相連結，成為台灣發展巨量資料技術與分析的研究重鎮，而藉由產業應用之方式，將研究成果技術移轉至國內各廠商，挖掘巨量資料所隱含的商業機會，進一步發展新創事業來提升產業加值競爭力。

學習評量

1. (　) 由於雲端運算以及行動商務的火紅崛起，目前全世界已經累積許多相當可觀的資料量，幾乎每一天全世界都有相當可觀的資料量產生，此現象稱為

   (A) 網路行銷時代

   (B) 巨量資料(Big data)時代

   (C) 人工智慧時代

   (D) 微利行銷時代

2. (　) 下列哪些資料來源會是造成巨量資料時代的因素 (1) 在零售商的資料庫(Retailer Database)中每日累積的龐大銷售資料，例如由 POS 系統收集來的產品銷售明細資料 (2) 全球運籌(Logistics)營運企業所累積的大量交易資料，例如財務(Financial)會計資料 (3) 關於國民個人健康資料(Health data)，例如健康檢查資料或者醫療資料 (4) 每日在社群媒體(Social Media)網站所產生的發表言論資料，例如 Twitter、Facebook、LinkedIn 以及 YouTube 等網站產生的資料 (5) 機場海關的視覺識別(Vision recognition)資料，例如行李箱托運識別資料、乘客登機前檢查識別資料 (6) 物聯網(Internet of Things)中因為無線感應所產生的資料，例如賣場中每一個商品上無線射頻識別(Radio Frequency Identification，簡稱 RFID)辨識感應資料 (7) 一些新的科學研究資料，例如 DNA 辨識資料

   (A) 135

   (B) 24

   (C) 13467

   (D) 1234567

3. （　） 巨量資料之意義可以歸納為三個重要特色，稱為 3V，除了資料產生的數量(Volume)很大以及產生的速度(Velocity)很快之外，另一個 V 為

（A） 資料來源相當不齊全

（B） 資料格式相當缺乏

（C） 資料格式與來源多樣化(Variety)非常豐富

（D） 資料永久不輕易揮發

4. （　） 比較傳統資料(Traditional data)與巨量資料之差別，下列哪一個正確

（A） 前者是文件(documents)資料、財務(finances)資料、存貨記錄(stock records)資料、以及個人檔案資料(personnel files)居多

（B） 後者是文件(documents)資料、財務(finances)資料、存貨記錄(stock records)資料、以及個人檔案資料(personnel files)居多

（C） 前者資料主要以照片資料(photographs)、聲音與影像資料(audio & video)、3D 模型資料(3D models)、模擬資料(simulations)、以及地理位置資料(location data)居多

（D） 以上皆對

5. （　） 根據英國經濟學人雜誌的調查報告中指出，下列何者正確

    （A） 目前全球在培養有能力分析巨量資料的人力資源的速度上遠遠超前巨量資料量本身的成長的速度

    （B） 目前全球在培養有能力分析巨量資料的人力資源的速度上遠遠落後巨量資料量本身的成長的速度

    （C） 目前全球在培養有能力分析巨量資料的人力資源的速度上等於巨量資料量本身的成長的速度

    （D） 以上皆正確

6. （　） 面對巨量資料時代來臨，是現代教育環境單位所需要面對的是課題，因此國內目前各大學院校也在高年級與研究所陸續開設那些相關巨量資料分析課程來培養這方面的專業人才
(1) 商業智慧　(2) 資料探勘(資料挖礦) (3) 自動化商業資料擷取　(4) 品質管理　(5) 色彩學

    （A）14

    （B）25

    （C）134

    （D）123

7. （　） 要處理此龐大的巨量資料所運用的軟體硬設備最後可能還須回歸到

    （A） 雲端的佈署

    （B） 單一公司要專款採購所有的軟硬體

    （C） 單一公司要多多採購大量記憶體

    （D） 單一公司要多多採購大量硬碟

8. (　) 每日在社群媒體(Social Media)網站所產生的發表言論資料也是影響巨量資料時代來臨的重要因素，社群媒體(Social Media)網站包含哪些網站產生的資料

(A) Twitter

(B) Facebook

(C) YouTube

(D) 以上皆是

9. (　) 英國經濟學人雜誌(The Economist)曾經在 2010 年 2 月刊登一份調查報告與評論「Data, data everywhere」，所產生的數位資料增加量是每 5 年 10 倍的速度在成長，預測到了 2013 年每年在 Internet 上的資料流量將高達 667 EB(Exabytes)，即 1EB 等於

(A) 1024TB

(B) 1024GB

(C) 1024PB(Petabytes)

(D) 1024MB

10.(　) 思科(Cisco)所發佈的 2012~2017 年全球雲端指數(Global Cloud Index；GCI)預測報告，年度全球數據中心 IP 流量將在 2017 年底達到 7.7 Zettabytes，即 1ZB 等於

(A) 1024EB(Exabytes)

(B) 1024MB

(C) 1024TB

(D) 1024GB

題目	1	2	3	4	5	6	7	8	9	10
答案	A	B	D	C	A	B	D	A	C	A

參考文獻

[1] 國立中央大學管理學院 ERP 中心，ERP 企業資源規劃導論，第四版，旗標出版股份有限公司，台北市，2011 年 12 月。
(ISBN:978-957-442-993-6)

[2] 國立中央大學管理學院 ERP 中心，商業智慧，第二版，滄海書局，台中市，2012 年 4 月。(ISBN:978-986-6184-92-5)

[3] 雷葆華等人，雲端大實踐：透視運算架構與產業營運，初版，電腦人文化出版，台北市，2011 年 10 月。

[4] 國立中央大學管理學院 ERP 中心、林文恭、謝志明，ERP 基礎檢定考試認證指南，增訂版，碁峰資訊股份有限公司，台北市，2014 年 4 月。(ISBN：978-986-3471-36-3)

[5]　國立中央大學管理學院 ERP 中心、鍾震耀、許秉瑜，chapter 15
資料庫管理與 ERP 系統，
http://www.cerps.org.tw/images/reference/ERP__20140829.pdf，
2014 年 8 月 29 日。

[6]　1G-Wikipedia. http://en.wikipedia.org/wiki/1G. Nov. 26, 2014.

[7]　2G-Wikipedia. http://en.wikipedia.org/wiki/2G. Nov. 26, 2014.

[8]　3G-Wikipedia. http://en.wikipedia.org/wiki/3G. Nov. 26, 2014.

[9]　4G-Wikipedia. http://en.wikipedia.org/wiki/4G. Nov. 26, 2014.

[10]　Amazon Elastic Compute Cloud-Wikipedia.
http://en.wikipedia.org/wiki/Amazon_EC2. Nov. 26,2014.

[11]　Amazon S3-Wikipedia. http://en.wikipedia.org/wiki/Amazon_S3.
Nov. 26, 2014.

[12]　Apache Hadoop-Wikipedia. http://en.wikipedia.org/wiki/Hadoop. Nov.
26, 2014.

[13]　Bigdata-Wikipedia.http://en.wikipedia.org/wiki/Big_data. Nov. 26,
2014.

[14]　Cloud Computing-Wikipedia.
http://en.wikipedia.org/wiki/Cloud_computing. Nov. 26, 2014.

[15]　Efraim Turban and Linda Volonino, Information Technology for
Management -Improving Strategic and Operational Performance,
Efrain Turban, 8th, John Wiley & Sons, Inc., 2011.

[16]　Emart Sunny Sale Campaign - 3D Shadow QR Code -YouTube.
https://www.youtube.com/watch?v=EvIJfUySmY0. Nov. 26, 2014.

[17] Explaining Big Data-YouTube.
https://www.youtube.com/watch?v=7D1CQ_LOizA. Nov. 26, 2014.

[18] Global Positioning System-Wikipedia.
http://en.wikipedia.org/wiki/GPS. Nov. 26, 2014.

[19] Google App Engine-Wikipedia.
http://en.wikipedia.org/wiki/Google_App_Engine. Nov. 26, 2014.

[20] General Packet Radio
Service-Wikipedia.http://en.wikipedia.org/wiki/GPRS. Nov. 26,
2014.

[21] GSM-Wikipedia. http://en.wikipedia.org/wiki/GSM. Nov. 26, 2014.

[22] IBM cloud computing-Wikipedia.
http://en.wikipedia.org/wiki/IBM_cloud_computing. Nov. 26, 2014.

[23] Kimball, R. and Ross M., The Data Warehouse Toolkit: The
Complete Guide to Dimensional Modeling 2nd ed., New York: John
Wiley & Sons, Inc., 2002.

[24] Location-based commerce-Wikipedia.
http://en.wikipedia.org/wiki/Location_based_commerce. Nov. 26,
2014.

[25] Location-based service-Wikipedia.
http://en.wikipedia.org/wiki/Location-based_service. Nov. 26, 2014.

[26] MapReduce-Wikipedia.http://en.wikipedia.org/wiki/Mapreduce. Nov.
26, 2014.

[27] Microsoft Azure-Wikipedia.
http://en.wikipedia.org/wiki/Microsoft_Azure. Nov. 26, 2014.

[28] OUR MOBILE PLANET. Google
Inc.http://think.withgoogle.com/mobileplanet/zh-tw/. Nov. 26, 2014.

[29] Platform as a service-Wikipedia.http://en.wikipedia.org/wiki/PaaS.
Nov. 26, 2014.

[30] Salesforce.com-Wikipedia.
http://en.wikipedia.org/wiki/Salesforce.com. Nov. 26, 2014.

[31] SAP & Vuzix Bring you Augmented Reality Solutions for the
Enterprise-YouTube.
http://www.youtube.com/watch?v=9Wv9k_ssLcI. Nov. 26, 2014.

[32] Software as a service-Wikipedia.http://en.wikipedia.org/wiki/SaaS.
Nov. 26, 2014.

[33] Tesco: Homeplus Subway Virtual
Store-YouTube.https://www.youtube.com/watch?v=nJVoYsBym88.
Nov. 26, 2014.

ERP 與商用 APP 整合導論--商用 雲端 APP 基礎檢定考試指定教材

作　　者：國立中央大學管理學院 ERP 中心
　　　　　鍾震耀 / 許秉瑜
企劃編輯：江佳慧
文字編輯：王雅雯
設計裝幀：張寶莉
發 行 人：廖文良

發 行 所：碁峰資訊股份有限公司
地　　址：台北市南港區三重路 66 號 7 樓之 6
電　　話：(02)2788-2408
傳　　真：(02)8192-4433
網　　站：www.gotop.com.tw
書　　號：AER040000
版　　次：2015 年 01 月初版
建議售價：NT$200

國家圖書館出版品預行編目資料

ERP 與商用 APP 整合導論：商用雲端 APP 基礎檢定考試指定教材
/ 國立中央大學管理學院 ERP 中心, 鍾震耀, 許秉瑜著. -- 初版.
-- 臺北市：碁峰資訊, 2015.01
　　面；　公分
　　ISBN 978-986-347-475-3 (平裝)
1.管理資訊系統　2.雲端運算
494.8　　　　　　　　　　　　　　　　103025525

讀者服務

● 感謝您購買碁峰圖書，如果您
對本書的內容或表達上有不清
楚的地方或其他建議，請至碁
峰網站：「聯絡我們」\「圖書問
題」留下您所購買之書籍及問
題。(請註明購買書籍之書號及
書名，以及問題頁數，以便能
儘快為您處理)
http://www.gotop.com.tw

● 售後服務僅限書籍本身內容，
若是軟、硬體問題，請您直接
與軟、硬體廠商聯絡。

● 若於購買書籍後發現有破損、
缺頁、裝訂錯誤之問題，請直
接將書寄回更換，並註明您的
姓名、連絡電話及地址，將有
專人與您連絡補寄商品。

● 歡迎至碁峰購物網
http://shopping.gotop.com.tw
選購所需產品。